中国工程院战略研究与咨询项目（学部重点项目）

西部丝路沿线城镇人居环境绿色发展报告

刘加平◎主编

科学出版社

北　京

审图号：GS 京（2023）2055 号

内 容 简 介

西部丝路沿线主要涵盖陕西省、甘肃省、青海省、宁夏回族自治区、新疆维吾尔自治区，经济相对欠发达、民族文化多元融合、气候干旱半干旱，城镇人居环境提升、能源资源利用与生态环境保护矛盾十分突出。本书从城镇概况、生态环境特征、水资源与水环境特征、能源资源特征、建筑能耗与碳排放概况、城镇文化与服务设施等六个方面介绍了西部丝路沿线城镇人居环境的发展现状与总体特征，给出了西部丝路沿线典型城镇人居环境绿色发展建议。

本书可为政府部门、高等院校、相关研究机构、广大企业的专家学者与技术人员提供有价值的参考和借鉴。

图书在版编目（CIP）数据

西部丝路沿线城镇人居环境绿色发展报告 / 刘加平主编 . — 北京：科学出版社，2023.11
ISBN 978-7-03-076704-2

Ⅰ . ①西… Ⅱ . ①刘… Ⅲ . ①城镇-居住环境-研究报告-西南地区 ②城镇-居住环境-研究报告-西北地区 Ⅳ . ①X21

中国国家版本馆CIP数据核字（2023）第189795号

责任编辑：杨婵娟 姚培培 / 责任校对：韩 杨
责任印制：赵 博 / 封面设计：有道文化

科 学 出 版 社 出版
北京东黄城根北街 16 号
邮政编码：100717
http://www.sciencep.com
北京中科印刷有限公司印刷
科学出版社发行 各地新华书店经销
*
2023 年 11 月第 一 版 开本：787 × 1092 1/16
2025 年 2 月第三次印刷 印张：18 1/4
字数：330 000
定价：198.00 元
（如有印装质量问题，我社负责调换）

《西部丝路沿线城镇
人居环境绿色发展报告》
编委会

主编：刘加平

编委会成员：

刘艳峰　王　怡　杨　柳　王登甲　高　元　何文芳

陶　毅　张中华　田达睿　文　刚　王　侠　吴松恒

罗　西　王新文　杨　雯　王　雪　黄艳秋　王凯平

Preface 序 言

　　城镇人居环境改善是我国新时代绿色发展、实现人民对美好生活的向往的重要议题。我国西部丝路沿线地区地域辽阔、民族众多、文化多元,其自然条件恶劣、生态环境脆弱等严峻的客观现实,以及经济相对欠发达、城镇基础设施与建筑品质不高、能源与资源利用率低下等数十年发展的负面遗存,成为西部绿色发展面临的重大挑战,必须优化能源资源利用、保护生态环境,最终全面推动我国西部地区城镇化高质量发展。

　　2022年,中国工程院启动战略研究与咨询重点项目"西部'一带一路'沿线城镇绿色更新发展战略研究",项目组组织城乡规划、绿色建筑、市政工程、土木工程、能源动力、暖通空调、工程管理等领域50余名学者,深入西部丝路沿线地区广泛调研与考察、归纳收集年鉴及相关报告资料,开展30余次专题研讨,邀请王小东院士、王建国院士、邓铭江院士、吴志强院士、梅洪元院士等专家对项目实施方案进行了充分论证。

　　项目执行过程中,于2022年7月、10月分别在乌鲁木齐和西安,召开了"一带一路"沿线城市绿色发展高端论坛,邀请江亿院士、王小东院士、任南琪院士、崔愷院士、邓铭江院士、吴志强院士、庄惟敏院士、梅洪元院士针对"一带一路"沿线城市绿色发展的主题做了大会报告及圆桌对话,这对项目的顺利实施起到了巨大的推动作用。

　　项目历时近两年,深入分析了西部丝路沿线城镇人居环境绿色发展的基础与现状、面临的问题及发展建议,形成了系列研究成果:中国工程院院士建议("西部'一带一路'沿线城镇绿色更新发展的建议")1份,在中国工程院院刊《中国工程科学》发表论文2篇,在西安建筑科技大学学报(自然科学版)特邀组织"西部'一带一路'沿线城镇绿色更新发展"专栏一期(含12篇论文),形成《西部"一带一路"沿线城镇概况与基础数据》和《西部"一带一路"沿线城镇绿色更新发展建议》等研究报告2份。

　　本书是项目的最终成果。本书从西部丝路沿线城镇和人居环境绿色发展的视角,系统梳理了西部丝路沿线城镇生态环境与水资源利用、城镇能源结构与用能模式、地域绿色建筑与建筑节能、文化与公共服务设施等总体特征，给出了人居环境绿色发展的建议。其中，综合考虑西部丝路沿线城镇规模、地理位置、发展定位等因素，选取西安市、乌鲁木齐市、兰州市、银川市、西宁市5个省会（首府）城市，铜川市、延安市、酒泉市、天水市、陇南市、石河子市、吐鲁番市7个地级市，乌苏市和凤县2个县级市和县城作为代表性城镇。

本书共分20章，第1～6章主要内容包括：①西部丝路沿线城镇行政区划、人口、区域经济、规模以及产业定位等基本概况；②生态环境与大气环境特征，水资源与水环境现状、市政规划与基础设施情况；③城镇能源资源储量、开发与生产和消费特征，建筑能耗与碳排放；④城镇文地率及城市绿化水平；⑤城市教育、医疗、文化、养老等公共服务设施总体特征。第7～20章重点对14个典型城镇人居环境概况与特征、绿色发展面临的问题、绿色发展建议进行了详细阐述。其中，刘加平担任主编，第1、第7、第8、第15章由张中华、王怡、吴松恒、黄艳秋编写，第2、第11、第13章由田达睿编写，第3、第9章由文刚编写，第4、第19章由罗西、王登甲、刘艳峰编写，第5、第16、第20章由何文芳、杨雯、杨柳、王雪编写，第6章由高元、王侠、王新文编写，第12、第17章由王侠、王凯平编写，第14章由王新文、陶毅编写，第10、第18章由高元编写。

本书撰写过程中得到中国工程院、相关政府部门、学会以及咨询专家的大力支持，参考引用了相关年鉴、发展报告等文献资料，在此表示衷心的感谢。

希望本书关于西部丝路沿线城镇人居环境绿色发展的战略性、前瞻性、综合性研究成果和相关发展建议，可为我国西部城镇绿色低碳发展、人居环境改善提供支撑，为促进丝路沿线国家友好交流、成果共享，共建人类美好家园做出贡献。

刘加平

2023年9月于西安

目　录
Contents

第1章

西部丝路沿线城镇

概况

在明确西部丝路沿线城镇范围的基础上，本章从地理环境与行政区划、人口与城镇化、经济发展与产业结构三个方面总结了沿线城镇的发展特征，并在此基础上给出了城市发展定位。

1.1 地理环境与行政区划

1.1.1 行政区划

丝路途经我国西北五省（自治区），含陕西省、甘肃省、青海省、宁夏回族自治区及新疆维吾尔自治区，包含丝绸之路经济带（西北段）、河西走廊经济带等国家经济发展区域，关中平原城市群、兰西城市群等国家级城市群，以及西安都市圈、乌鲁木齐都市圈、银川都市圈、兰州都市圈、西宁都市圈等都市圈（图1-1）。依据西北五省（自治区）统计局发布的统计年鉴、统计公报等相关数据，截至2021年，西北五省（自治区）共有51个地级行政区（33个地级市、13个自治州、5个地区）、367个县级行政区（78个市辖区、47个县级市、222个县、20个自治县）（表1-1）。

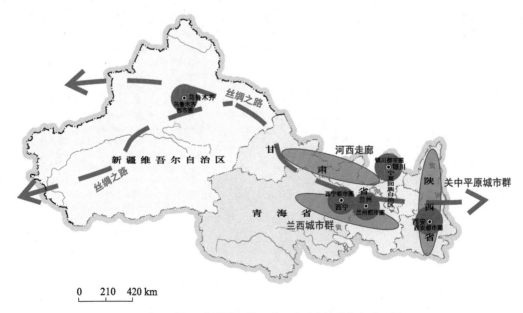

图1-1 我国西部丝路沿线西北五省（自治区）行政区划

表 1-1 西北五省（自治区）各级行政区数量统计表 （单位：个）

省（自治区）	地级行政区			县级行政区			
	地级市	自治州	地区	市辖区	县级市	县	自治县
陕西省	10	—	—	31	7	69	—
甘肃省	12	2	—	17	5	57	7
青海省	2	6	—	8	5	25	7
宁夏回族自治区	5	—	—	9	2	11	—
新疆维吾尔自治区	4	5	5	13	28	60	6
合计	33	13	5	78	47	222	20

资料来源：西北五省（自治区）统计局发布的统计年鉴、统计公报

1.1.2 气候环境

西北五省（自治区）气候分布如图 1-2 所示。

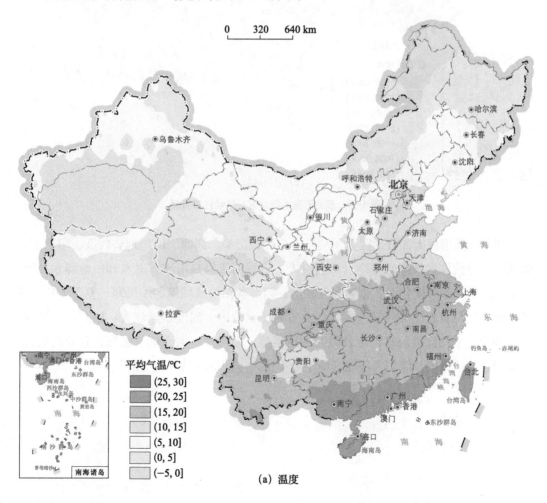

平均气温/℃

(25, 30]
(20, 25]
(15, 20]
(10, 15]
(5, 10]
(0, 5]
(−5, 0]

南海诸岛

(a) 温度

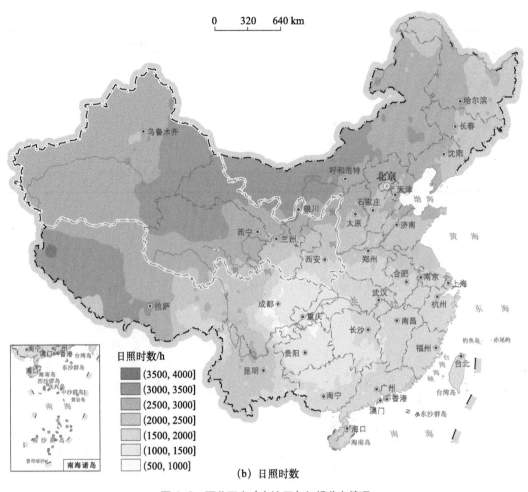

0   320   640 km

日照时数/h

(3500, 4000]
(3000, 3500]
(2500, 3000]
(2000, 2500]
(1500, 2000]
(1000, 1500]
(500, 1000]

南海诸岛

(b) 日照时数

图1-2 西北五省（自治区）气候分布情况

　　西部丝路沿线大部分地区为干旱半干旱气候类型。高原、山地地势较高，阻挡了湿润气流，导致该区域降水量小、蒸发量大；沿线河流靠高山冰雪融水和山地降水补给，河流流量小，季节变化大，相对湿度较低；西部丝路沿线城镇冬季严寒、夏季干热、气候干燥，气温日较差和年较差大，西北五省（自治区）温度差异较大；以高原、平原、盆地为主，平均海拔较高，地表风力作用强烈，多风沙；太阳辐射强烈，日照时数大。总体而言，该地区风能、太阳能资源十分丰富，不同地域具有明显的气候差异。

1.2 人口与城镇化

1.2.1 人口概况

1. 人口数量

西北五省（自治区）地广人稀，人口具有大集中、小分散的分布特征。《中国统计年鉴 2022》显示，2021 年末，西北五省（自治区）常住人口总量为 10 352 万人，常住人口由高到低依次为陕西省（3954 万人）、新疆维吾尔自治区（2589 万人）、甘肃省（2490 万人）、宁夏回族自治区（725 万人）、青海省（594 万人）（图 1-3）。各地级行政区、县级市、县/自治县的常住人口前十名和后十名如图 1-4 所示。

2. 人口密度

西北五省（自治区）平均人口密度较低，区域差异较大。《中国统计年鉴 2022》显示，2021 年，西北五省（自治区）平均人口密度为 33.5 人 /km²，远低于全国省级行政单位平均水平（148.35 人 /km²）。其中陕西省人口密度（192.3 人 /km²）最高，青海省

图 1-3 西北五省（自治区）常住人口分布图
资料来源：《中国统计年鉴 2022》

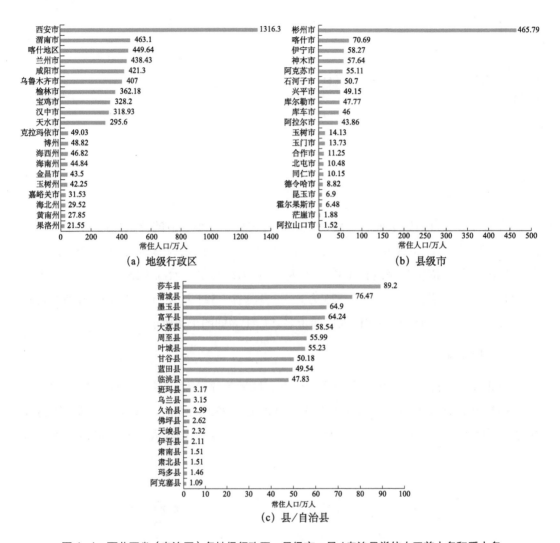

图 1-4　西北五省（自治区）各地级行政区、县级市、县/自治县常住人口前十名和后十名

资料来源：2022 年西北五省（自治区）统计年鉴与各地级行政区、县级市、县/自治县国民经济和社会发展统计公报

人口密度（8.2 人/km²）最低（图 1-5）；51 个城市人口密度高于全国市级行政单位平均水平（2880.73 人/km²），28 个城市低于全国平均水平；高密度（>4000 人/km²）城市共 34 个，中密度［1500～4000（含）人/km²］城市共 35 个，低密度（≤1500 人/km²）城市共 10 个。各市辖区、县级市、县/自治县人口密度前十名和后十名如图 1-6 所示。

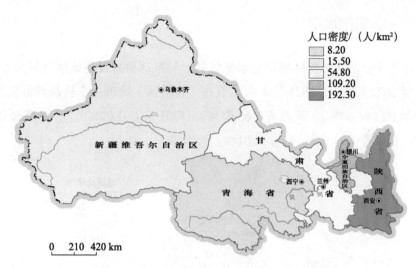

图 1-5 2021 年西北五省（自治区）人口密度图

资料来源：《中国统计年鉴 2022》

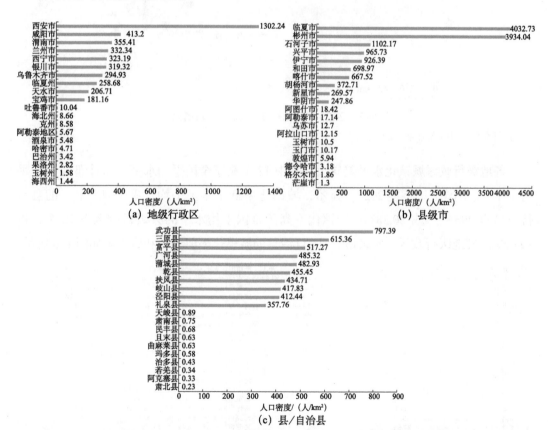

图 1-6 2021 年西北五省（自治区）各地级行政区、县级市、县 / 自治县人口密度前十名和后十名

资料来源：2022 年西北五省（自治区）统计年鉴与各地级行政区、县级市、县 / 自治县国民经济和社会发展统计公报

1.2.2　城镇化水平

西北五省（自治区）整体城镇化水平较低，与东部沿海发达地区有较大差距。《中国统计年鉴 2022》显示，2021 年末西北五省（自治区）城镇化率从高到低依次是：宁夏回族自治区（66.04%）、陕西省（63.63%）、青海省（61.02%）、新疆维吾尔自治区（57.26%）、甘肃省（53.33%）（图 1-7）。

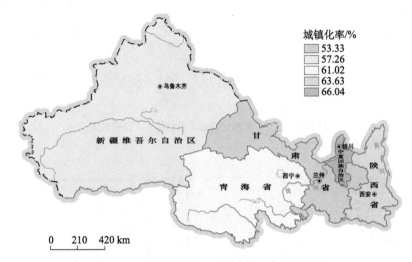

图 1-7　2021 年西北五省（自治区）城镇化率

资料来源：《中国统计年鉴 2022》

各地级行政区城镇化水平差异大，其中 13 个高于全国平均水平，38 个低于全国平均水平。《中国统计年鉴 2022》显示，城镇化率低于全国平均水平（64.72%）的县级行政区有 295 个，占 80.38%；城镇化率高于全国平均水平的县级行政区有 72 个，占 19.62%。各地级行政区、县级市、县/自治县的城镇化率前十名和后十名如图 1-8 所示。

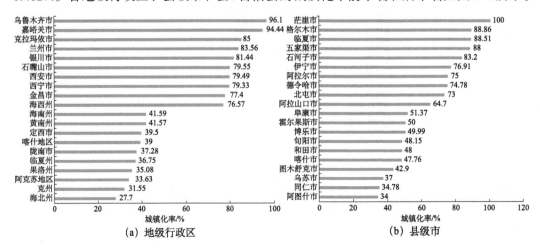

（a）地级行政区　　　　　　　　　　（b）县级市

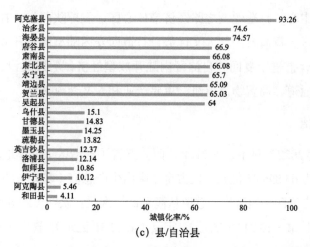

（c）县/自治县

图 1-8　2021 年西北五省（自治区）各地级行政区、县级市、县/自治县城镇化率前十名和后十名
资料来源：2022 年西北五省（自治区）统计年鉴与各地级行政区、县级市、县/自治县国民经济和社会发展统计公报

1.3　经济发展与产业结构

1.3.1　区域经济概况

近年来，随着西部大开发战略向纵深推进及共建"一带一路"迈向高质量发展，西北五省（自治区）发展与新时代推进西部大开发形成新格局等战略紧密衔接，积极推动协同向西开放与共同落实黄河流域生态保护和高质量发展战略，经济发展取得一系列显著成就。但同时，受限于脆弱的生态本底及薄弱的经济基础，西北五省（自治区）尚未充分发挥其丰饶资源带来的巨大发展潜力，其区域经济水平与东部沿海地区差距持续加大，同内陆改革开放高地、绿色经济带等发展目标尚存距离，亟待实现发展转型。

1. 区域发展定位

陕西省、甘肃省、青海省、新疆维吾尔自治区、宁夏回族自治区位于古丝绸之路沿线，自古以来就是我国联系外界的重要纽带。在"一带一路"倡议框架下，西北五省（自治区）作为我国丝绸之路经济带的重要组成部分，是向西开放的前沿地带、内陆改革开放高地。应发挥新疆维吾尔自治区独特的区位优势和向西开放的重要窗口作用，深化与中亚、南亚、西亚等国家的交流合作，形成丝绸之路经济带上重要的交通枢纽、商贸物流和文化科教中心，打造丝绸之路经济带核心区。发挥陕西省、甘肃省综合经济文化和宁夏回族自治区、青海省民族人文优势，打造西安内陆型改革开放新高地，加快兰州、西宁开发开放，推进宁夏回族自治区内陆开放型经济试验区建设，形成面向中亚、南亚、西亚国家的通道、商贸物流枢纽、重要产业和人文交流基地。

2. 地区生产总值

《中国统计年鉴2022》显示，2021年，西北五省（自治区）整体地区生产总值较低，地区生产总值总和为63 896.87亿元，仅占全年国内生产总值（GDP）的5.59%。由图1-9可知，西北五省（自治区）地区生产总值从高到低依次是：陕西（29 800.98亿元）、新疆（15 983.65亿元）、甘肃（10 243.3亿元）、宁夏（4522.31亿元）、青海（3346.63亿元）。

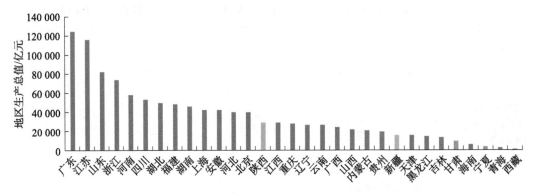

图1-9　2021年全国各省（自治区、直辖市）地区生产总值

资料来源：《中国统计年鉴2022》

注：香港、澳门、台湾数据暂缺

3. 人均地区生产总值

《中国统计年鉴2022》显示，2021年，西北五省（自治区）人均地区生产总值为6.39万元，低于全国平均水平（8.1万元）。由图1-10可知，西北五省（自治区）人均地区生产总值从高到低依次是：陕西（75 360元）、宁夏（62 549元）、新疆（61 725元）、青海（56 398元）、甘肃（41 046元）。

4. 人均可支配收入

《中国统计年鉴2022》显示，2021年，西北五省（自治区）城镇居民人均可支配收入总体偏低。西北五省（自治区）城镇居民人均可支配收入为26 106元，低于全国平均水平（35 128元）。由图1-11可知，西北五省（自治区）城镇居民人均可支配收入从高到低依次为陕西（28 568元）、宁夏（27 904元）、新疆（26 075元）、青海（25 919

元）、甘肃（22 066 元）。

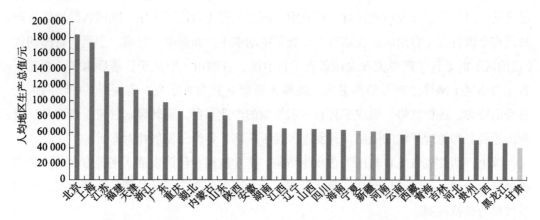

图 1-10　2021 年全国各省（自治区、直辖市）人均地区生产总值

资料来源：《中国统计年鉴 2022》

注：香港、澳门、台湾数据暂缺

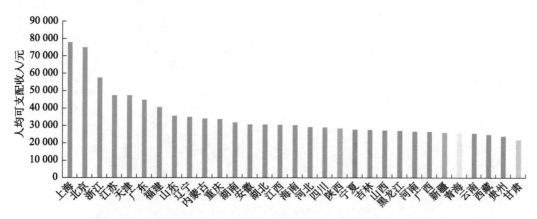

图 1-11　2021 年全国各省（自治区、直辖市）城镇居民人均可支配收入

资料来源：《中国统计年鉴 2022》

注：香港、澳门、台湾数据暂缺

1.3.2　产业结构与城镇职能

1. 产业结构

"一带一路"倡议的提出，为西北五省（自治区）的发展注入了新的活力。为反映西北五省（自治区）目前在全国范围内的发展情况，利用《中国统计年鉴 2022》内 2021 年全国各省（自治区、直辖市）的统计数据（香港、澳门、台湾数据暂缺），从经济角度出发，选取地区生产总值、产业结构等指标来综合评判。

由图 1-12 和图 1-13 可知，虽然西北五省（自治区）近年来在经济发展方面取得长足进展，但仍与东部发达地区有一定差距。西北五省（自治区）中，陕西省的地区生产总值在全国各省（自治区、直辖市）中处于中间水平，而新疆、甘肃、宁夏、青海四省（自治区）的地区生产总值在全国各省（自治区、直辖市）中处于较落后水平。西北五省（自治区）地区生产总值排名为：陕西 > 新疆 > 甘肃 > 宁夏 > 青海。其中陕西依托自身的资源、区位优势，形成了具有一定规模的产业集群，而新疆、甘肃、青海和宁夏则由于资源和地理环境的限制，开发进程晚于东部，各产业发展相对滞后。

综上，西北五省（自治区）在产业结构、产业规模、经济发展水平等方面落后于东部地区，东西部经济差异明显。西北五省（自治区）蕴含丰富的能源、资源，其巨大的发展潜力尚待挖掘。

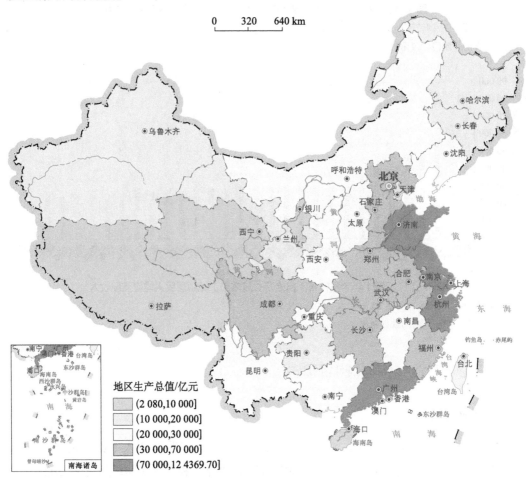

图 1-12　2021 年全国各省（自治区、直辖市）地区生产总值分布情况

资料来源：《中国统计年鉴 2022》

注：香港、澳门、台湾资料暂缺

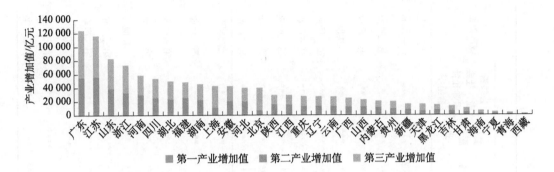

图 1-13　2021 年全国各省（自治区、直辖市）产业增加值情况

资料来源：《中国统计年鉴 2022》

注：香港、澳门、台湾数据暂缺

2. 城市职能

城市职能是指城市在一定地域内的经济、社会发展中所发挥的作用和承担的分工，是城市对城市以外的区域在经济、政治、文化等方面所起的作用。可以利用从业人口数据，借助纳尔逊统计分析来确定城市职能强度，即某城市某产业就业人口占该城市就业人口总数的比重与各城市该产业就业人口平均比重之差，与各城市该产业占全国就业人口总数比重的标准差之比。

采用上述方法，对西北五省（自治区）33 个地级市的行业职能强度进行统计分析，将目标城市划分为以第一、第二、第三产业为主导的城市、综合型城市及其他城市。其中，以某一产业为主导的城市定义为行业职能强度在 ***** 及以上数量在 2 个及以下的城市，如果两个行业分属于不同的产业，则以就业人数最多的为准；综合型城市为行业职能强度在 ***** 及以上数量在 3 个及以上的城市；其他城市为各行业职能强度均在 **** 及以下的城市。

统计分析结果如表 1-2 所示，在西北五省（自治区）33 个地级市中，以第二产业为主导的城市有 12 个，以第三产业为主导的城市有 11 个，综合型城市有 7 个、其他城市有 3 个。

第二产业中除建筑业之外，采矿业，制造业，电力、热力、燃气及水生产和供应业，都属于工业范畴。如果某城市的采矿业，制造业，电力、热力、燃气及水生产和供应业其中之一的职能强度较强，则认为该城市为工业属性较为显著的工业城市。据此，对以第二产业为主导的城市进行二次分类。如表 1-3 所示，以采矿业为主的城市有 4 个、以制造业为主的城市有 3 个，而且均为传统制造业，以电力、热力、燃气及水生产和供应业为主的城市有 3 个，以建筑业为主的城市有 2 个。在综合型城市当中，银川、乌鲁

表1-2 西北五省（自治区）地级市类型划分

省（自治区）	城市	第一产业	第二产业				第三产业									城市类型
		农、林、牧、渔业	采矿业	制造业	电力、热力、燃气生产及水生产和供应业	建筑业	交通运输、仓储和邮政业	信息传输、软件和信息技术服务业	金融业	房地产业	批发、零售和商务服务业	科学研究和技术服务业	教育	其他服务业	公共管理、社会保障和社会组织	
陕西省	西安市	***	**	****	***	***	*****	******	*****	******	****	******	**	**	*	综合型
	铜川市	***	*****	***	*****	***	**	***	***	***	***	***	**	***	*	第二产业
	宝鸡市	***	****	*****	**	***	**	***	***	***	***	**	**	***	*	第二产业
	咸阳市	****	****	***	**	****	**	**	***	***	***	****	****	****	**	第二产业
	渭南市	***	***	***	***	**	***	**	****	***	***	***	***	****	**	其他
	延安市	***	*****	***	***	***	***	***	****	*	***	**	**	***	****	第三产业
	汉中市	***	****	***	*	**	**	***	***	**	***	***	***	***	***	第二产业
	榆林市	***	******	**	***	*****	***	***	*	**	***	*	****	****	***	第二产业
	安康市	***	**	***	***	***	***	***	******	***	**	***	***	***	***	第二产业
	商洛市	***	****	***	*****	***	***	***	***	***	***	***	****	***	***	第二产业
甘肃省	兰州市	**	**	***	***	*****	***	******	***	******	*****	******	***	***	*	综合型
	嘉峪关市	**	**	*****	*****	***	**	***	**	***	*	***	****	***	*	第二产业
	金昌市	*****	**	*****	***	***	**	**	*	***	***	***	****	*	**	第二产业
	白银市	***	***	***	***	***	**	***	*	***	***	***	****	**	***	第二产业
	天水市	***	**	***	***	***	***	***	***	***	***	****	****	**	***	其他
	武威市	**	****	**	***	***	***	***	******	***	***	****	****	*****	****	第三产业
	张掖市	*****	*****	*	***	***	***	***	***	***	***	****	****	****	*****	第三产业
	平凉市	***	**	*	***	***	***	***	***	*	***	****	***	***	*****	其他
	酒泉市	***	****	*	***	***	***	***	***	**	**	***	***	***	****	第三产业
	庆阳市	***	****	***	***	***	***	***	***	**	***	*****	*****	***	*****	第三产业

续表

省（自治区）	城市	第一产业	第二产业				第三产业									城市类型
		农、林、牧、渔业	采矿业	制造业	电力、热力、燃气及水生产和供应业	建筑业	交通运输、仓储和邮政业	信息传输、软件和信息技术服务业	金融业	房地产业	批发、零售和租赁商务服务业	科学研究和技术服务业	教育	其他服务业	公共管理、社会保障和社会组织	
甘肃省	定西市	***	**	**	***	***	***	***	***	***	**	**	*****	***	*****	第三产业
	陇南市	***	***	**	**	***	**	***	**	**	*	**	**	**	*****	第三产业
宁夏回族自治区	银川市	***	****	***	*****	**	***	**	******	******	****	****	**	**	**	综合型
	石嘴山市	***	**	****	******	**	***	***	**	**	***	**	**	*****	*****	第二产业
	吴忠市	*****	**	*	******	*	**	***	*	*	******	**	****	**	*****	第二产业
	固原市	***	***	*	***	**	***	***	***	*	***	**	******	***	*****	第三产业
	中卫市	*****	***	**	****	***	*****	**	***	***	******	***	******	*****	*****	综合型
新疆维吾尔自治区	乌鲁木齐市	**	**	**	*****	*****	*****	*****	*****	******	******	****	**	****	**	综合型
	克拉玛依市	***	******	***	*	*	***	***	*	***	***	***	***	***	*	第二产业
	吐鲁番市	***	***	***	**	***	***	**	*	***	**	***	**	**	**	第三产业
	哈密市	***	***	***	**	***	******	***	*	***	**	***	**	*****	**	综合型
青海省	西宁市	***	**	***	****	***	**	****	****	****	**	***	***	****	***	综合型
	海东市	***	**	***	******	*****	******	****	***	******	**	***	******	**	**	第三产业

资料来源：行业从业人口数据来源于《中国城市统计年鉴 2020》，行业分类方法根据《国民经济行业分类》（GB/T 4754—2017），三次产业分类方法依据国家统计局 2018 年修订的《三次产业划分规定》。

注：本表中将批发和零售业与租赁和商务服务业两项合并，统称为批发、零售、租赁和商务服务业；文化、体育和娱乐业，住宿和餐饮业，居民服务、修理和其他服务业，卫生和社会工作，水利、环境和公共设施管理业五项合并为其他服务业。下同

木齐及哈密的工业职能强度较高，主导产业为电力、热力、燃气及水生产和供应业。这类行业以自身资源开采和输出为导向，对区域土地资源和矿产资源的依赖性强。

表1-3　西北五省（自治区）以第二产业为主导的城市的二次分类

分类			城市
工业 （10个）	采矿业（4个）		铜川市、延安市、榆林市、克拉玛依市
	制造业（3个）	传统制造业	宝鸡市、嘉峪关市、金昌市
		先进制造业	—
	电力、热力、燃气及水生产和供应业（3个）		白银市、石嘴山市、吴忠市
	建筑业（2个）		商洛市、咸阳市

3. 工业城镇产业结构

工业城市可分为综合性工业城市和专业性工业城市两类。工业城市形成的初期，往往具有专业性的特点。随着城市规模的扩大和工业生产分工协作的发展，城市工业的部门结构往往经历从简单到复杂的发展过程。在区位、资源条件优越的地区，专业性工业城市会逐步演变为综合性工业城市。

进一步对西北五省（自治区）工业城镇的产业结构进行分析，如图1-14所示，不难发现西北五省（自治区）工业城镇虽主导产业有所差异，但是都拥有共同的特征，即城市工业大多都是凭借资源优势建立发展起来的，工业在产业结构当中的占比较高，有的城市甚至高达70%以上。

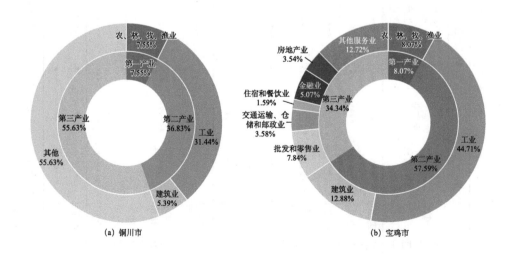

(a) 铜川市　　　　(b) 宝鸡市

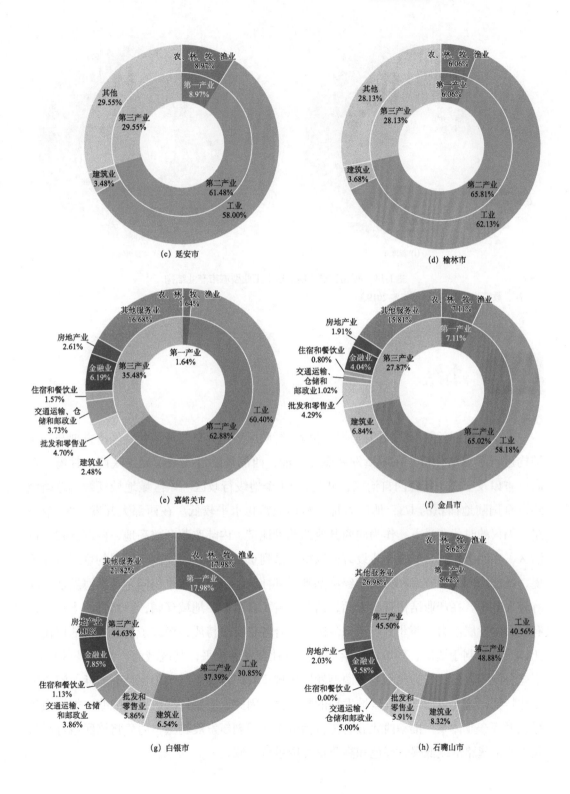

(c) 延安市

(d) 榆林市

(e) 嘉峪关市

(f) 金昌市

(g) 白银市

(h) 石嘴山市

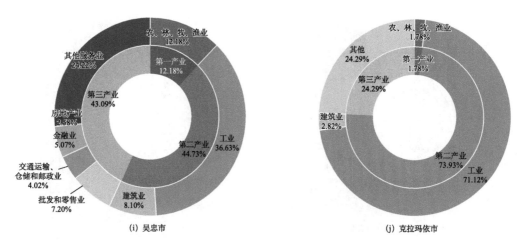

(i) 吴忠市　　　　　　　　　　　　　　(j) 克拉玛依市

图 1-14　西北五省（自治区）工业型城市产业结构

注：数据源自《中国统计年鉴 2019》

1.4 小结

　　本章对西部丝路沿线城镇的地理环境与行政区划、人口与城镇化、经济发展与产业结构进行了总结分析。在城镇发展概况方面，西部丝路沿线城镇涵盖陕西、甘肃、青海三省以及宁夏、新疆两自治区，共包含 51 个地级行政区。该区域地域辽阔，总面积约占全国陆地面积的 1/3，地广人稀，整体城镇化水平较低。在西部大开发、"一带一路"倡议的时代背景下，作为向西开放的前沿地带、内陆改革开放高地，西北五省（自治区）在经济发展、城镇化建设方面取得一系列重大成就，但受制于脆弱的生态本底环境、高能耗的发展方式和薄弱的经济基础，其社会经济发展水平仍同东部沿海发达地区有较大差距。在产业结构现状方面，西北五省（自治区）地域辽阔，自然资源丰富，具有极大的发展潜力。西北五省（自治区）结合各自资源特质，形成了初具规模的现代产业体系。受制于资源、环境以及落后的经济社会发展水平，其区域内产业发展不平衡、不充分问题突出；作为典型的资源型发展区域，其产业发展结构仍保持高能耗、资源依赖性特征，这无疑加剧了其区域发展的脆弱性。因此，应秉持绿色发展战略，加快构建绿色循环产业体系，推动西北五省（自治区）实现创新发展转型，力争将该区域打造为我国西部丝路沿线低碳、绿色和高质量发展示范区域。

第2章

西部丝路沿线城镇
生态环境特征

本章归纳总结了丝路沿线西北五省（自治区）多样的生态特征，在此基础上，在全国层面对比分析了西北五省（自治区）的绿色生态水平，揭示了不同城镇的生态环境特征，进而从人居环境与自然环境的关系、大气环境污染等方面总结城镇发展过程中的生态问题，为后续西部丝路沿线城镇生态环境的改善提供依据和方向。

2.1 生态环境概况

2.1.1 守护资源的多类功能区

西北五省（自治区）拥有类型丰富的生态功能保护区，但生态脆弱、敏感性高。西北五省（自治区）分布有 78 个国家级自然保护区（表 2-1）和 13 个生态功能保护区（表 2-2）。这些自然保护区和生态功能保护区同时也是生态环境脆弱的地区。

表 2-1　西北五省（自治区）各级自然保护区数量及面积

西北五省（自治区）	国家级		省级		市级		县级		总计	
	数量/个	面积/km²	数量/个	面积/km²	数量/个	面积/km²	数量/个	面积/km²	数量/个	面积/km²
陕西省	26	6 326.34	27	4 387.42	4	369.40	3	230.81	60	11 313.97
甘肃省	21	69 320.18	35	18 245.79	0	0.00	4	1 149.00	60	88 714.97
青海省	7	205 037.51	4	10 394.17	0	0.00	0	0.00	11	215 431.68
宁夏回族自治区	9	4 595.50	5	735.00	0	0.00	0	0.00	14	5 330.50
新疆维吾尔自治区	15	122 645.33	16	73 197.88	0	0.00	0	0.00	31	195 843.21
总计	78	407 924.85	87	106 960.25	4	369.40	7	1 379.81	176	516 634.33
全国自然保护区	474	976 834.18	844	366 844.48	416	49 953.88	1 016	77 739.70	2 750	1 471 372.24

资料来源：根据生态环境部发布的《全国自然保护区名录》(https://www.mee.gov.cn/ywgz/zrstbh/zrbhdjg/201905/P020190514616282907461.pdf）和生态环境部发布的《2020 中国生态环境状况公报》，对近年调整的自然保护区进行校核得到

注：因四舍五入原因，计算所得数值有时与实际数值有些微出入，特此说明

表 2-2　西北五省（自治区）所含生态功能保护区

序号	名称	类型
1	伊犁—天山山地西段生态功能保护区	物种资源生态功能保护区
2	岷山—邛崃山生态功能保护区	物种资源生态功能保护区
3	天山山地生态功能保护区	水涵养生态功能保护区
4	阿尔泰山地生态功能保护区	水涵养生态功能保护区
5	长江源生态功能保护区	水涵养生态功能保护区
6	黄河源生态功能保护区	水涵养生态功能保护区
7	若尔盖－玛曲生态功能保护区	水涵养生态功能保护区
8	秦岭山地生态功能保护区	水涵养生态功能保护区
9	塔里木河流域生态功能保护区	防风固沙生态功能保护区
10	阿尔金荒漠草原生态功能保护区	防风固沙生态功能保护区
11	黑河流域生态功能保护区	防风固沙生态功能保护区
12	毛乌素沙地生态功能保护区	防风固沙生态功能保护区
13	黄土高原生态功能保护区	水土保持生态功能保护区

资料来源：中国生态功能保护区. https://www.resdc.cn/data.aspx?DATAID=137 ［2023-08-03］

2.1.2　孕育人居的多级流域

西北五省（自治区）是国家重要的水源地。西北五省（自治区）主要涵盖黄河流域片和内陆河片，以及部分长江流域片和西南诸河片；同时，西北五省（自治区）拥有大量被誉为"高山固体水库"的雪山冰川和被誉为"中华水塔"的三江源。然而，流域及人居空间分布不均衡。14 个三级流域分布在西北五省（自治区）东、西两端，且东密西疏；人居点主要在流域内分布，也极不均衡：各流域内的县级行政区共有 336 个，占西北五省（自治区）总数的 92%；各流域内城乡建设用地面积占西北五省（自治区）总城乡建设用地面积的比例也达到 92%（图 2-1 和图 2-2）。图 2-1 和图 2-2 中的城乡建设用地面积数据来源于 2020 年中国土地覆盖数据集（China Land Cover Dataset，CLCD）中的不透水用地（Yang and Huang，2023）；流域范围数据根据地理遥感生态网科学数据注册与出版系统的中国九大流域片（http://www.gisrs.cn/infofordata?id=06d97e86-c717-

48d8-97f7-33b0d4ec2121）、全国二级流域边界（http://www.gisrs.cn/infofordata?id=d3f5cf0a-aac6-4f9d-a196-419b217bfb44）、中国三级流域空间分布（http://www.gisrs.cn/infofordata?id=1aaa3de4-85cf-4c47-a85a-75567604ba45）整合得到。

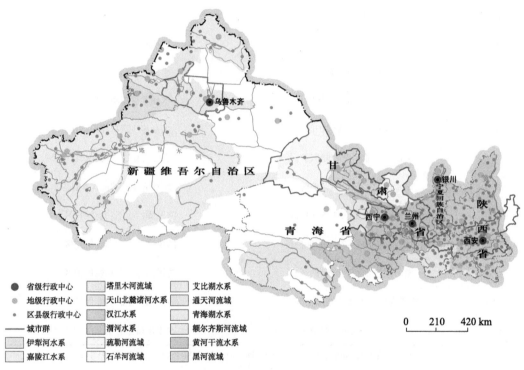

图 2-1　西北五省（自治区）河流及流域分布图

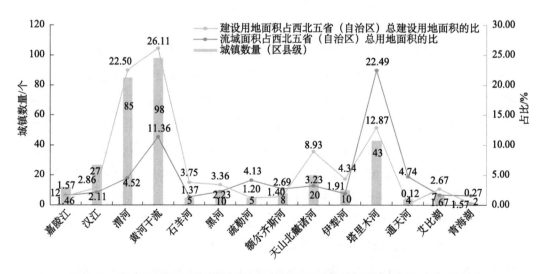

图 2-2　西北五省（自治区）各流域区县数量和流域面积及城乡建设用地面积占比图

2.1.3 适应地域的多样城镇类型

西北地区横跨第一、第二级阶梯，分布有四大盆地、两大高原、四大沙漠和五大山脉，地形复杂多变，地貌类型多样，是全球地质景观富集区。依托江河流域、山脉高原等丰富而独特的自然环境，以地级行政区为单位，形成了各具特色的城镇类型，其中包括平原城镇（23.53%）、河谷城镇（29.41%）、荒漠绿洲城镇（37.25%）、高寒草原城镇（9.80%）（图 2-3 和表 2-3）。

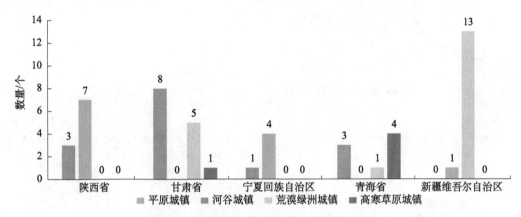

图 2-3 西北五省（自治区）各城镇类型数量

资料来源：根据中国生态系统评估与生态安全数据库（https://www.ecosystem.csdb.cn/ecoass/ecoplanning.jsp）中的生态功能保护区分类整合得到

表 2-3 西北五省（自治区）地级行政区城镇类型 （单位：个）

城镇类型	各省（自治区）地级行政区	合计
平原城镇	陕西省（7）：渭南市、铜川市、西安市、咸阳市、安康市、宝鸡市、汉中市 宁夏回族自治区（4）：中卫市、石嘴山市、银川市、吴忠市 新疆维吾尔自治区（1）：伊犁哈萨克自治州	12
河谷城镇	陕西省（3）：商洛市、榆林市、延安市 甘肃省（8）：庆阳市、平凉市、天水市、白银市、兰州市、定西市、临夏回族自治州、陇南市 宁夏回族自治区（1）：固原市 青海省（3）：海东市、西宁市、海北藏族自治州	15
荒漠绿洲城镇	甘肃省（5）：金昌市、武威市、酒泉市、张掖市、嘉峪关市 青海省（1）：海西蒙古族藏族自治州 新疆维吾尔自治区（13）:阿克苏地区、阿勒泰地区、克孜勒苏柯尔克孜自治州、哈密市、吐鲁番市、乌鲁木齐市、昌吉回族自治州、巴音郭楞蒙古自治州、克拉玛依市、博尔塔拉蒙古自治州、和田地区、喀什地区、塔城地区	19
高寒草原城镇	甘肃省（1）：甘南藏族自治州 青海省（4）：黄南藏族自治州、海南藏族自治州、果洛藏族自治州、玉树藏族自治州	5
	合计	51

此外，我国西部丝路沿线主要集聚形成关中平原城市群、兰西城市群、河西走廊经济带和天山北坡城市群四大城市群，四大城市群的城乡建设用地面积占西北五省（自治区）城乡建设用地总量的 46.79%（图 2-4 和图 2-5）。

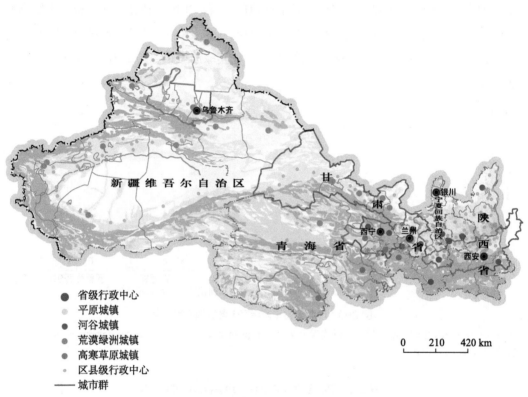

图 2-4　西北五省（自治区）城市及城市群分布

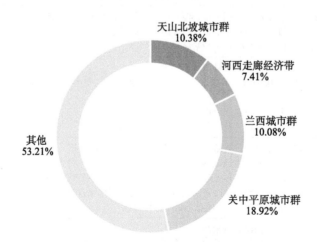

图 2-5　西北五省（自治区）各城市群城乡建设用地占比

资料来源：Yang 和 Huang（2023）

2.2 绿色生态水平

2.2.1 评价方法

利用 2020 年中国土地利用覆盖数据（Yang and Huang，2023）、自然保护区数据以及相应的监管指标数据[①]，选择体现水土保持、水源涵养、生物多样性以及防风固沙等多种生态功能的 5 项指标衡量城市的绿色生态水平，评价指标包括自然保护区面积所占比例、耕地用地占比、林草用地覆盖率、水域湿地覆盖率、裸地用地占比。

利用变异系数（CV）和层次分析法（AHP）确定评价指标的权重。首先，采用客观赋权法中的变异系数，得到初步权重；其次，采用主观赋权法中的层次分析法，结合专家打分数据得到另一组权重；最后，对变异系数与层次分析法的权重结果进行比较，综合得到最终权重（表 2-4）。

表 2-4 绿色生态水平各指标及权重

指标	变异系数	层次分析法	最终权重
自然保护区面积所占比例	0.23	0.13	0.22
耕地用地占比	0.08	0.19	0.16
林草用地覆盖率	0.08	0.29	0.24
水域湿地覆盖率	0.18	0.26	0.20
裸地用地占比	0.43	0.13	0.18

根据表 2-4 计算全国各省（自治区、和田市）与西北五省（自治区）各城市的绿色生态水平值[②]，通过省域绿色生态水平值反映全国评价水平，通过西北五省（自治区）市域绿色生态水平值揭示西部丝路沿线城镇的情况。分别对省域、市域计算结果进行归一化，得到 0～100 分的打分，将归一化结果分为 5 级绿色生态水平：低［0,20）、较低（20,40］、中（40,60）、较高（60,80）、高（80,100］。

---

① 资料来源：中华人民共和国生态环境部，https://www.mee.gov.cn/searchnew/?searchword=%E8%87%AA%E7%84%B6%E4%BF%9D%E6%8A%A4%E5%8C%BA%E5%90%8D%E5%BD%95。

② 绿色生态水平值 = 0.22 × 自然保护区面积所占比例 + 0.16 × 耕地用地占比 + 0.24 × 林草用地覆盖率 + 0.20 × 水域湿地覆盖率 + 0.18 × 裸地用地占比。

2.2.2 全国数据分析

根据各城市绿色生态水平计算结果，得到全国各省级行政区绿色生态水平值排序表，全国省级行政区绿色生态水平平均值为 63.38 分。其中，西北五省（自治区）中陕西省、宁夏回族自治区和青海省处于全国中上水平，而甘肃省和新疆维吾尔自治区处于全国落后水平（表 2-5）。

表 2-5 各省级行政区绿色生态水平值排序表 （单位：分）

排序	省级行政区	评分结果	排序	省级行政区	评分结果
1	陕西省	72.52	18	湖北省	66.19
2	广西壮族自治区	71.83	19	辽宁省	66.01
3	湖南省	71.74	20	浙江省	64.21
4	云南省	71.41	21	安徽省	64.01
5	江西省	70.43	22	北京市	63.30
6	贵州省	70.42	23	广东省	63.08
7	黑龙江省	69.78	24	河北省	60.44
8	四川省	69.66	25	内蒙古自治区	60.43
9	重庆市	69.01	26	河南省	59.62
10	福建省	68.64	27	香港特别行政区	59.25
11	宁夏回族自治区	67.89	28	甘肃省	57.20
12	山西省	67.66	29	江苏省	56.21
13	吉林省	67.50	30	山东省	55.89
14	海南省	67.01	31	天津市	54.90
15	青海省	66.56	32	上海市	47.76
16	西藏自治区	66.54	33	澳门特别行政区	43.55
17	台湾省	66.42	34	新疆维吾尔自治区	37.85

全国绿色生态水平平均值：63.38

2.2.3 西北五省（自治区）数据分析

西北五省（自治区）绿色生态水平差距较大。根据西北五省（自治区）各地级市绿色生态水平值的计算结果，西部丝路沿线城镇的绿色生态水平整体呈现由东至西依次下降的变化特征，西北五省（自治区）各城镇绿色生态水平综合评价结果为：陕西省＞宁夏回族自治区＞青海省＞甘肃省＞新疆维吾尔自治区。其中，陕西省得分最高，为

72.52 分，新疆维吾尔自治区得分最低，为 37.85 分。

陕西省、宁夏回族自治区和青海省的绿色生态水平值较高，一方面，三省（自治区）林地、水域面积占比较大，如陕西省有秦岭国家公园，青海省有多个水源涵养区（如"中华水塔"三江源）、"我国最大的内陆咸水湖"青海湖、"千湖之地"可可西里；另一方面，三省（自治区）所含自然保护区面积较大，如青海省有三江源自然保护区，宁夏回族自治区有黄土高原生态功能保护区，陕西省有毛乌素沙地生态功能保护区、秦岭山地生态功能保护区等。

河西五市的面积占甘肃省的 60% 以上，受地缘性和唯水性限制，河西五市以荒漠绿洲为主，使得其绿色生态水平值较低。新疆维吾尔自治区绿色生态水平较差是因为其裸地面积最大，域内 26% 的面积被沙漠覆盖，如古尔班通古特沙漠、塔克拉玛干沙漠等，是典型的资源性缺水地区，也是我国风沙灾害的重灾区。

根据西北五省（自治区）内各城镇绿色生态水平值，将地级市（33 个）、自治州（13 个）、地区（5 个）和省直辖县级市（10 个）的绿色生态水平分为高、较高、中、较低、低 5 个等级，并细化和呈现了得分的分布情况（图 2-6、图 2-7 和表 2-6）。

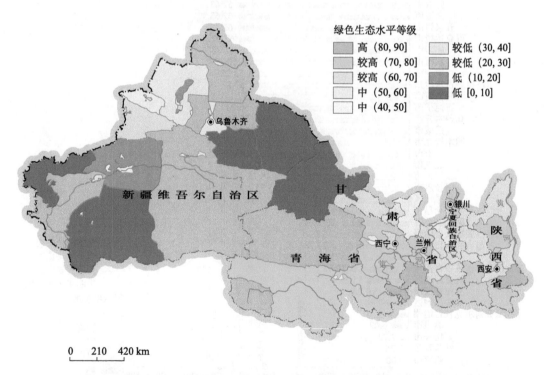

图 2-6 西北五省（自治区）各地级市（自治州、地区、省直辖县级市）绿色生态水平等级分布图
注：为更好地呈现各城镇绿色生态水平差别，图中将较高、中、较低 3 个等级进一步细分，见图例

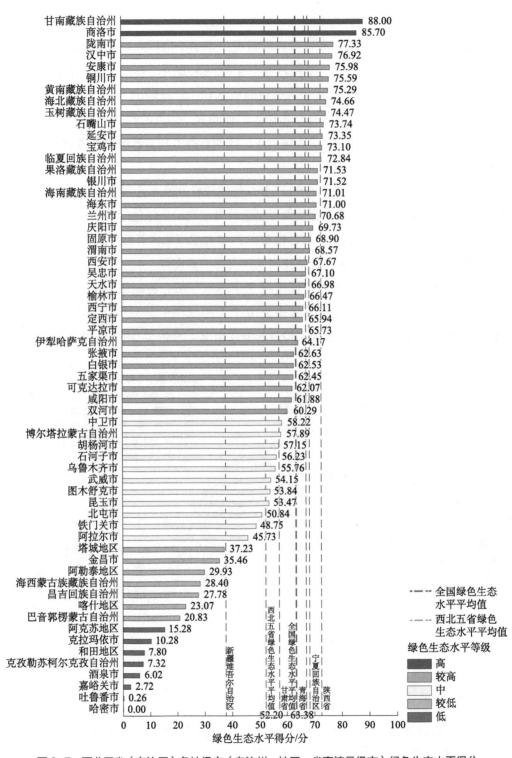

图 2-7　西北五省（自治区）各地级市（自治州、地区、省直辖县级市）绿色生态水平得分

表2-6 西北五省（自治区）各地级市（自治州、地区、省直辖县级市）绿色生态水平等级

绿色生态水平等级	绿色生态水平值/分	城市个数/个	个数占比/%	典型城市代表
高	(90,100]	0	0	—
	(80,90]	2	3.28	甘南藏族自治州、商洛市
较高	(70,80]	16	26.23	兰州市
	(60,70]	17	27.87	张掖市、西宁市
中	(50,60]	9	14.75	武威市、乌鲁木齐市、石河子市
	(40,50]	2	3.28	阿拉尔市、铁门关市
较低	(30,40]	2	3.28	金昌市
	(20,30]	5	8.20	昌吉回族自治州、阿勒泰地区
低	(10,20]	2	3.28	克拉玛依市
	[0,10]	6	9.84	嘉峪关市、酒泉市

绿色生态水平等级为高的城市，主要是由于其林地与自然保护区占比高，裸地面积少。例如，甘南藏族自治州境内有岷山—邛崃山生态功能保护区，商洛市境内有秦岭山地生态功能保护区。

绿色生态水平等级为较高的城市，主要是由于其林地、水域湿地面积占比较高，且部分城市自然保护区面积占比较大。例如，典型河谷城市兰州市和西宁市，城市沿黄河、湟水发展，祁连山生态廊道、三江源国家公园以及黄河上游生态廊道对提升当地城镇的绿色生态水平具有重要作用；位于河西走廊内的张掖市，由冰雪融化和雨水补给形成的黑河水系滋养了市域内的绿洲，使得其拥有祁连山和黑河湿地两个国家级自然保护区，因此张掖市的绿色生态水平等级较高。

绿色生态水平等级为中等的城市，主要是由于其有一定的耕地、林地及水资源禀赋，但人工活动及开发建设致使部分城市的裸地面积占比升高，绿色生态水平下降。例如，典型的绿洲城镇武威市、乌鲁木齐市和石河子市，其城市用地分布在沿河流形成的带状绿洲内，由于水资源稀缺、天然绿洲收缩，以及土地荒漠化、沙尘暴和土地盐碱化等问题加剧，城市绿色生态水平仅处于中等水平。

绿色生态水平等级为低和较低的城市，主要是由于其裸地面积占比较大，林地、水域湿地面积小，且缺乏自然保护区。例如，天山北坡典型城市克拉玛依市，深居内陆且大部分面积被古尔班通古特沙漠覆盖，水资源不足，荒漠绿洲的特点明显。位于河西走廊最西端的嘉峪关市和酒泉市，市域内主要为疏勒河水系，孕育的绿洲规模有限，大量的沙地和盐碱地形成荒漠，导致城市绿色生态水平较低。

2.3 环境污染概况

大气污染和固体废弃物污染是评判环境质量的两个重要方面，为获知西北五省（自治区）各城市环境污染情况，采用空气质量优良天数占比等数据分析大气污染情况，采用工业废气排放总量、工业固体废物产生量和综合利用率等数据衡量固体废弃物污染情况。

2.3.1 大气环境污染情况

生态环境部发布的《2019中国生态环境状况公报》显示，2019年全国空气质量平均优良天数占比为82.0%。以此为标准，西北五省（自治区）中陕西省、新疆维吾尔自治区的诸多城市空气质量优良天数占比未达到全国平均水平，甘肃省、宁夏回族自治区和青海省的大多数城市均高于平均水平，空气质量较好，如图2-8所示。

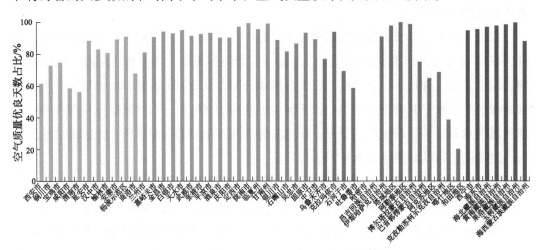

图2-8　2019年西北五省（自治区）各市空气质量优良天数占比

资料来源：生态环境部（2020）

注：哈密市、昌吉回族自治州缺少统计数据

根据2019年生态环境部统计数据，西北五省（自治区）的空气质量情况排序为：青海省＞宁夏回族自治区＞甘肃省＞新疆维吾尔自治区＞陕西省。青海省、宁夏回族自治区的全年空气质量在全国各省（自治区、直辖市）中位于前十，甘肃省和新疆维吾尔自治区位于中等水平，陕西省则位于倒数前十（图2-9）。

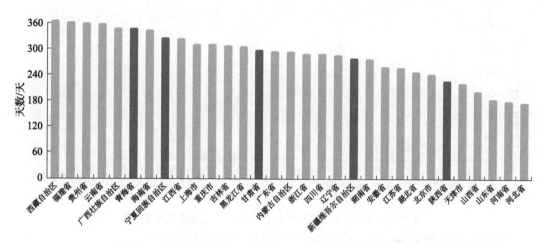

图 2-9 2019 年全国各省（自治区、直辖市）空气质量优良天数

资料来源：国家统计局和生态环境部（2021）、生态环境部（2020）

注：香港、澳门、台湾资料暂缺

　　结合西北五省（自治区）和全国其他地区的经济情况和空气质量的分析发现，西北五省（自治区）的空气质量排名次序和经济排名次序相反。经济发展较好的地区如陕西省和新疆维吾尔自治区，空气质量在全国范围内处于中下水平，而经济薄弱的地区如青海省和宁夏回族自治区，空气质量在全国范围内处于中上水平。可见，西北五省（自治区）中一些经济发展较好的城镇依托资源禀赋而建立发展起来，却以牺牲环境质量为代价，对环境的污染大，尤其一些城市的经济发展严重依赖当地矿产资源，重工业企业数量占比较高，导致空气质量不容乐观。

2.3.2 工业污染物排放情况

　　在工业废气排放方面，根据 2020 年西北五省（自治区）统计年鉴数据，陕西省的榆林市、渭南市，甘肃省的兰州市、嘉峪关市，宁夏回族自治区的银川市、吴忠市的工业废气排放总量较大，高于全国平均值（2000 亿 m³），如图 2-10 所示。这些工业废气排放总量较高的城市大多是具有较强工业职能的工业型或综合型城市。

　　在工业固体废物排放与处理方面，首先，陕西省的渭南市、榆林市两地拥有大量的工业企业导致其工业固体废物产生量远高于其他地级市；另外，第二产业以采矿业为主的城市，其工业固体废物产生量也远远高于其他城市。其次，西北五省（自治区）中，大多数城市的一般工业固体废物综合利用率低于 90%，如图 2-11 所示，表明这些城市对工业固体废物的消纳率较低，给生态环境带来较大压力。

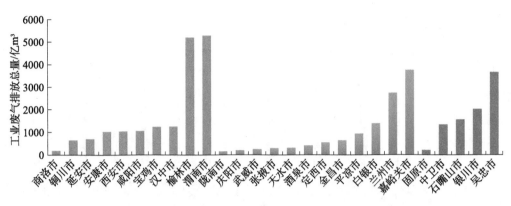

图 2-10　2019 年西北五省（自治区）各市工业废气排放总量

资料来源：《陕西统计年鉴 2020》《甘肃发展年鉴 2020》《宁夏统计年鉴 2020》

注：限于数据可得性，图中只显示陕西省（橙色）、甘肃省（蓝色）、宁夏回族自治区（绿色）相关城市数据

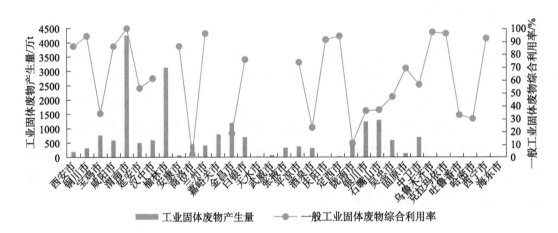

图 2-11　2019 年西北五省（自治区）各市工业固体废物产生量和一般工业固体废物综合利用率

资料来源：《陕西统计年鉴 2020》《甘肃发展年鉴 2020》《宁夏统计年鉴 2020》《中国城市统计年鉴 2020》

注：部分城市缺少统计数据

2.4 人地关系概况

2.4.1 粗放式的城镇扩张侵蚀自然景观

西北地区城镇的大规模建设及扩张失序，导致生态环境脆弱的自然本底被不断蚕食。

以河西走廊城市群和天山北坡城市群为例，随着人类开发建设活动的增加，天然绿洲逐渐被人工绿洲所代替。2000～2020 年，河西走廊人工绿洲的面积增加了 2641 km²，天然绿洲的面积却减少了 352 km²；天山北坡人工绿洲的面积增加了 7316 km²，天然绿洲的面积则减少了 7246 km²。其中，增加的人工绿洲多为灌溉耕地。

具体到区县层面，在河西走廊 20 个区县中，仅 8 个区县的天然绿洲面积总量有所增加，大部分区县都呈现减少的态势（图 2-12）；在天山北坡 22 个区县中，仅五家渠市、白碱滩区、沙依巴克区、乌鲁木齐县的天然绿洲面积总量是增加的，其他 18 个区县的天然绿洲面积总量都是减少的，生态环境的稳定性受到较大威胁（图 2-13）。

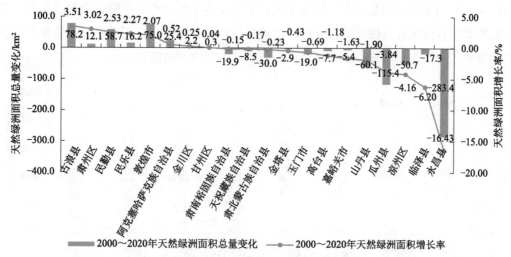

图 2-12　2000～2020 年河西走廊各区县天然绿洲面积总量变化及增长率

资料来源：中国多时期土地利用遥感监测数据集（CNLUCC）（https://www.resdc.cn/DOI/doi.aspx?DOIid=54）中的 2000 年和 2020 年两期数据

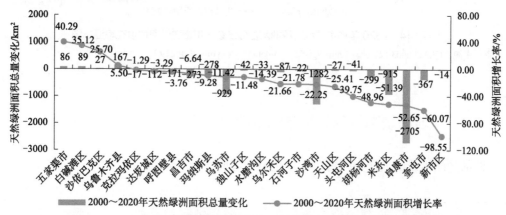

图 2-13　2000～2020 年天山北坡各区县天然绿洲面积总量变化及增长率

资料来源：中国多时期土地利用遥感监测数据集（CNLUCC）（https://www.resdc.cn/DOI/doi.aspx?DOIid=54）中的 2000 年和 2020 年两期数据

2.4.2 不适宜的城镇空间模式加剧人地矛盾

以河谷城镇为例，在兰西城镇群、陕北黄土高原地区的很多城镇，限于流域的复杂地形地貌，城镇建设用地在川道中过度"填充"、无序蔓延，甚至上山建城，对当地自然环境要素产生了较大冲击。例如，根据 GlobeLand30 数据集，2020 年西宁市区川道建设用地填充率[①]高达 84.05%，用地网格分维数[②]最高达 1.753（图 2-14）；2000～2020年，河湟谷地中的耕地减少 6.64%。城镇在川道中过度集聚会引发一系列生态环境与城镇发展的问题。例如，川道中城市用地的高强度开发和连续扩张切断了山体冲沟与河道的联系，对当地脆弱的水、土、植被等自然要素及生态环境产生了较大影响。再如，黄土高原等河谷地区骤发性暴雨、洪涝、滑坡等地质灾害频发，在川道中过度集聚的城镇空间布局不利于在雨洪安全、环境污染、防灾减灾等方面的应对。

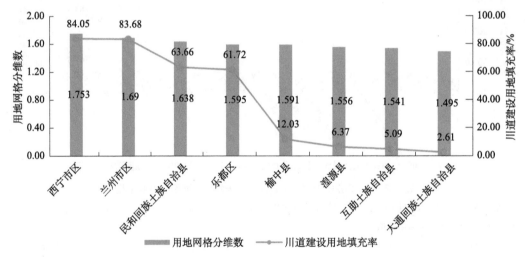

图 2-14　2020 年样本城镇的用地网格分维数与川道建设用地填充率汇总图
资料来源：GlobeLand30 数据集（http://gis5g.com/data/tdly/tdlyother?id=229）

2.4.3 城镇景观特色与生态网络建设不足

西部丝路沿线的人居空间特色与绿色营建经验传承不足。

---

① 川道建设用地填充率：川道内的建设用地面积与建设用地最小外接矩形的比值。

② 用地网格分维数：$NL\left(\dfrac{1}{2^{nl}}\right)=2^{-DL}\times\left(\dfrac{1}{2^{nl+1}}\right)$，反映城市建设用地形态的填充度。式中，NL 为城市用地所占的格网数目，nl 为格网分级数（$1\leqslant nl\leqslant 10$），DL 为城市用地的网格维数。

　　首先，河谷地区的城镇开发建设过于注重经济效益，在河谷阶地、坡地上建造的高容积率城区（图2-15），以及大规模改变地形地貌的河谷新城建设（图2-16），都不同程度地影响了原有人与自然的融合关系，削弱了黄土高原、河谷盆地等地域的人居空间特色。

　　其次，绿洲城镇的蓝绿空间体系与生态网络不完善，导致生态系统稳定性较弱。绿洲城镇周边或多为砾质戈壁，多水蚀冲沟，水土流失较明显；或多为土质戈壁，植被覆盖度差，风蚀强烈，土壤沙化风险高。很多城市外围还未建成城市近郊生态防护圈和城市生态安全屏障，没有形成完整的生态绿地防护系统。城市外围的生态问题不仅使得极易出现大范围的生态失衡，而且会导致自然环境的恶化，加剧自然灾害风险和生态危机。

图2-15　绥德县、米脂县等河谷城镇风貌

图2-16　延安市新城与老城的空间对比

资料来源：Google 卫星图

　　最后，不少城市仍存在绿地分布不均衡、景观破碎化程度较高等问题。例如，城市绿地系统尚未形成完整的有机生态网络，绿地斑块缺乏有机组合，城市内部公园绿地分布不均衡，街头游园数量不足，不能满足居民的日常活动需要。再如，一些城镇的过度蔓延对河湖、林地、绿洲等自然用地破坏严重，导致生态景观斑块破碎化程度加剧，当地生态环境愈发脆弱。

2.5　小结

　　西部丝路沿线城镇深居内陆，生态环境特征复杂多样，干旱半干旱气候特征明显。西北五省（自治区）拥有多个国家生态功能保护区与自然保护区，但生态脆弱敏感性高；是国家重要的水源地，但流域空间分布并不均衡。复杂的西北地域环境形成了平原城镇、高原河谷城镇、荒漠绿洲城镇、高寒草原城镇等多样的城镇类型。多年来，我国西部丝路沿线城市群的发展具有较大的土地扩张需求，由于缺乏适应本土特征、科学有效的规划导控，部分城镇的过度开发建设逼近甚至超过了当地生态容量与环境承载力，对西北地区高原、河谷、绿洲等原本脆弱敏感的生态环境产生较严重的威胁与冲击，尤其是"粗放式的城镇扩张侵蚀自然景观""不适宜的城镇空间模式加剧人地矛盾""城镇景观特色与生态网络建设不足""大气环境污染与工业污染物排放"等问题较为突出。

第3章

西部丝路沿线城镇
水资源与水环境特征

西部丝路沿线城镇大部分处于西北干旱半干旱区，平均海拔较高，以高原、平原、盆地为主，地表风力作用强烈，主要为干旱、半干旱的温带大陆性气候，气温日较差、年较差大，太阳辐射强，风沙多。河流主要特征为流量小、水量季节变化大，补给靠高山冰雪融水和山地降水。西部丝路沿线城镇水资源呈现总量匮乏、人均水资源量低、降水稀缺、日照时间长以及用水效率低等特点。

3.1 水资源与水环境概况

3.1.1 水资源总量

根据水利部发布的《中国水资源公报 2021》，西北五省（自治区）总面积占全国 31.76%，但水资源仅占全国 9.42%，水资源总量占比较少且地区分布不均。西部丝路沿线城镇中，新疆维吾尔自治区的巴州因涵盖塔里木河和博斯腾湖等大型河流湖泊而具有丰富的水资源。部分城镇如陕西省的杨凌区、西咸新区和韩城市，宁夏回族自治区的石嘴山市、银川市、吴忠市、中卫市和固原市，甘肃省的嘉峪关市、金昌市、白银市、兰州市，新疆维吾尔自治区的克拉玛依市的水资源总量均小于 5 亿 m³，远远低于其他西部丝路沿线城镇（图 3-1 和图 3-2）。

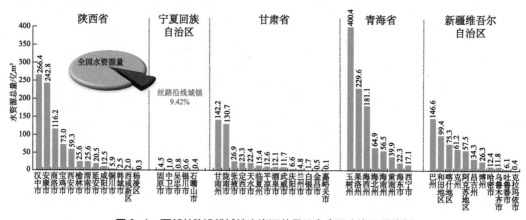

图 3-1　西部丝路沿线城镇水资源总量及占全国水资源量比例

资料来源：西北五省（自治区）水利厅颁布的水资源公报。其中，《2022 年新疆水资源公报》发布较晚，新疆为 2019 年数据，其余省份为 2021 年数据，本章余同

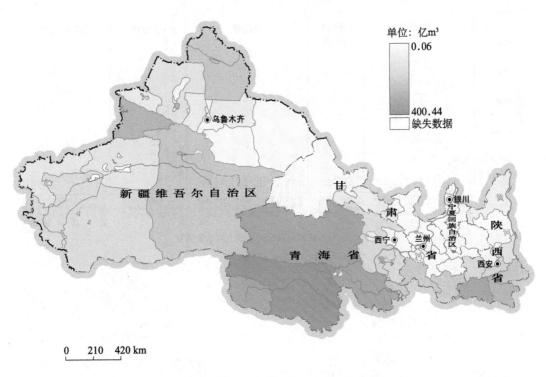

图 3-2 西部丝路沿线城镇水资源量分布情况

资料来源：西北五省（自治区）水利厅颁布的水资源公报

3.1.2 人均水资源量

根据水利部发布的《中国水资源公报 2021》，2021 年全国人均水资源量为 2098.13 m³，而西部丝路沿线城镇中低于全国人均水资源量的城镇数量占比约为 60.78%，水资源短缺形势严峻。其中，青海省由于除西宁市和海东市人口较密集外，其他地区以牧区为主，人口稀疏，使得人均水资源量较高。其他地区，如陕西省的西安市、咸阳市、铜川市等 9 市，宁夏回族自治区的银川市、石嘴山市等 5 市，甘肃省的嘉峪关市、金昌市、兰州市等 11 市以及新疆维吾尔自治区的克拉玛依市、乌鲁木齐市、吐鲁番市等 4 市的人均水资源量明显低于全国平均水平（图 3-3）。瑞典水资源学者 Falkenmark 等在 1989 年提出，在用人均水资源量度量区域水资源稀缺程度的标准中将人均 1700 m³/a 作为水资源紧张的警戒线（Falkenmark et al.，1989）。按照该标准，西部丝路沿线城镇大部分在该警戒线以下。

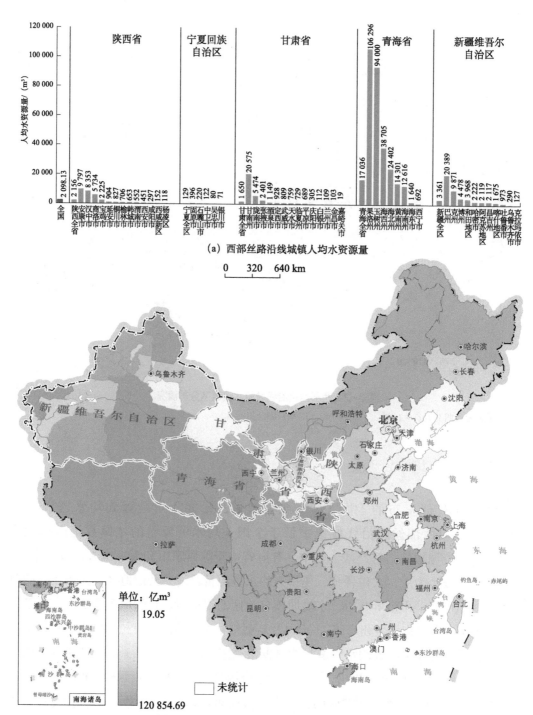

（a）西部丝路沿线城镇人均水资源量

（b）西部丝路沿线城镇人均水资源量与全国情况比较

图 3-3　西部丝路沿线城镇人均水资源量与全国情况比较

资料来源：西北五省（自治区）水利厅颁布的水资源公报

注：台湾、香港、澳门资料暂缺

3.1.3 降水时空分布

根据《中国水资源公报 2021》，2021 年全国平均年降水量为 691.6 mm。西部丝路沿线城镇中低于全国平均年降水量的城镇数量占比约为 78.2%。如图 3-4 所示，沿西安往西北方向沿线城镇的降水量明显减少，宁夏回族自治区、甘肃省、青海省和新疆维吾尔自治区四省（自治区）范围内的城镇年降水量均明显低于全国平均水平，特别是新疆维吾尔自治区和甘肃省面临尤为严重的干旱少雨现状。西部丝路沿线城镇除了是我国降水量和径流量最少的地区，也是时空变率最大的地区。有限的降水主要集中在夏秋季节，且多暴雨，春冬季缺水十分严重，水资源不仅不能满足农业灌溉和工业生产的需要，甚至许多地方人畜用水也发生困难。此外，与上海市、广东省、浙江省等沿海城市相比，青海省、甘肃省、新疆维吾尔自治区的年日照时长尤其高，其中哈密市高达 3176.4 h，高日照时长使得水蒸发量大，加之降水稀缺的固有因素，导致西部丝路沿线城镇水资源短缺严重。西部丝路沿线城镇的降水量及日照特征是导致水资源利用受限、工农业生产极不稳定的关键因素。

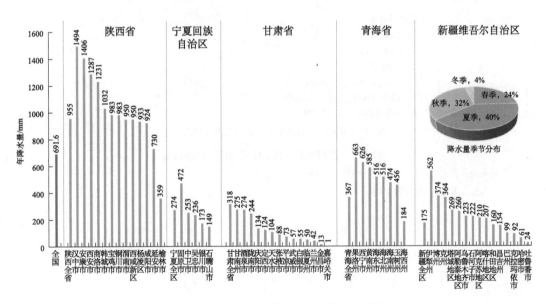

(a) 西部丝路沿线城镇平均年降水量情况及季节分布

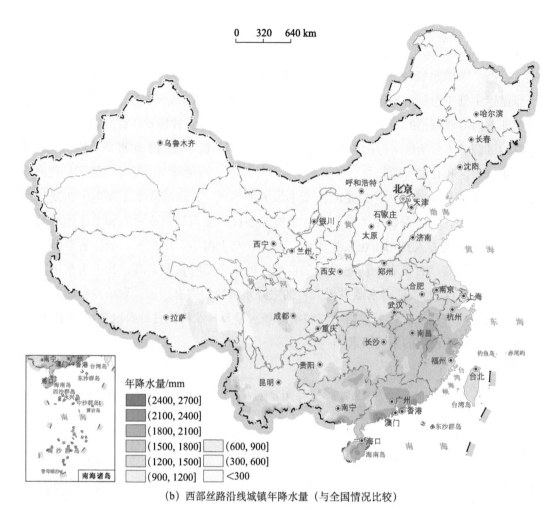

（b）西部丝路沿线城镇年降水量（与全国情况比较）

图3-4　西部丝路沿线城镇平均年降水量情况

资料来源：西北五省（自治区）水利厅颁布的水资源公报

注：台湾、香港、澳门资料暂缺

3.2　水资源与水环境特征及现状

3.2.1　水资源匮乏且分布不均难以利用

基于西部丝路沿线城镇人均水资源量和年降水量，根据国家质量监督检验检疫总局和国家标准化管理委员会于2012年5月发布的《节水型社会评价指标体系和评价方法》

（GB/T 28284—2012）中的划分标准（表3-1），西部丝路沿线城镇中丰水区占11%，平水区占33%，缺水区占56%（图3-5），可见西部丝路沿线城镇普遍处于干旱缺水状态。

表3-1 《节水型社会评价指标体系和评价方法》（GB/T 28284—2012）

年降水量 / mm	人均水资源量 / m³		
	>1500	1500~600	<600
>400	丰水	平水	缺水
200~400	平水	平水	缺水
<200	缺水	缺水	缺水

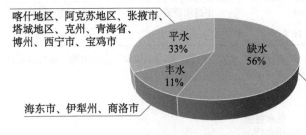

图3-5 西部丝路沿线城镇水资源量评价

资料来源：西北五省（自治区）水利厅颁布的水资源公报

由于缺水干旱，西北地区自然景观荒漠化和生态环境问题加剧，成为我国土地沙漠化、次生盐渍化、水土流失、草原旱化矮化的重灾地区。加之该地区地处内陆，远离海洋，受高山阻隔，降水量少，有限的降水主要集中在夏秋季节，春冬季节缺水严重。考虑到西部丝路沿线城镇的耕地分布极不平衡，有相当大一部分水资源分布在地势高寒、自然条件较差、人烟稀少地区及无人区，而自然条件较好、人口稠密、经济发达的绿洲地区水资源却十分有限，导致人畜用水困难，经济社会发展及生态文明建设受到制约。

3.2.2 用水结构不合理，存在粗放浪费现象

根据水利部及西北五省（自治区）水利厅颁布的水资源公报，2021年西北地区用水结构明显不合理，农业用水占总用水量的87%，比重过大，而工业用水则不到5%。从世界平均用水结构看，农业用水占65%，工业和城市用水分别占22%和7%。西北地区农业用水比例偏高，说明其水资源利用方式落后，利用效率低，这意味着通过用水结构调整实现节约用水的潜力很大。

此外，西部丝路沿线城镇用水效率低下，与全国平均水平相比，同等水资源转化产生的经济价值更低。这说明该地区不仅水资源匮乏，且水资源利用方式粗放，存在严重的结构型、生产型和消费型浪费。根据西部丝路沿线城镇水资源开发利用程度分类（表3-2），高水资源压力占71%，中高水资源压力占17%，中低水资源压力占8%，低水资源压力占4%（图3-6），说明当前西部丝路沿线城镇水资源过度开发；而高水资源压力的城镇中包含古代丝绸之路上的重要城镇，即西安—河西走廊—乌鲁木齐，这无疑会成为制约西部丝路沿线城镇社会经济和生态环境未来发展的重要因素。

表 3-2 水资源开发利用程度世界通用指标 *   （%）

分类	水资源开发利用程度	分类	水资源开发利用程度
低水资源压力	（0, 10）	中高水资源压力	［20, 40）
中低水资源压力	［10, 20）	高水资源压力	［40, 100）

* 该指标由 Raskin 等（1997）提出作为水稀缺指数或水脆弱指数，联合国粮食及农业组织、联合国教科文卫组织、联合国可持续发展委员会等机构选用该指标反映水资源稀缺程度

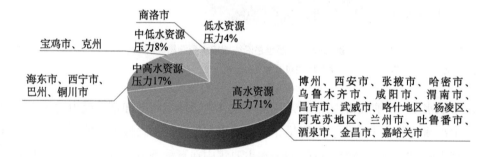

图 3-6 西部丝路沿线城镇水资源开发利用状况

资料来源：水利部及西北五省（自治区）水利厅颁布的水资源公报

3.2.3 部分地区水污染问题严重

目前，西部丝路沿线城镇仍有部分地区存在严重的水污染问题。例如，新疆维吾尔自治区乌伦古湖和甘肃省白银市及陕西省铜川市的地表水，根据国家环境保护总局和国家质量监督检验检疫总局发布的《地表水环境质量标准》（GB3838—2002）中按照功能高低划分的五类水质标准分类，这些地区水质仅达Ⅳ类，主要适用于一般工业用水区及人体非直接接触的娱乐用水区水质标准，目前尚可满足工农业生产要求，但已不能作为饮用水源，且基本已无环境容量，若不能控制排污，很快将成为严重污染区。

饮用水水源地水质不达标主要原因有两方面，一方面是西北地区工矿业粗放式发展，产生大量的工业废水并排入河流等水源地，直接或间接地污染了人们的饮用水，由于工业废水中富含有机污染物和重金属元素，会对人们的身体健康和社会良性发展造成极为不利的影响；另一方面，西北地区是我国农业和养殖业的主要发展地，不少地方饮用水源保护区上游，甚至饮用水源附近村镇的农业污水以及养殖污水未经任何处理就直接排入水体中，造成环境水污染不断加剧。水源地的污染物和致病菌会通过输配水系统进入千家万户，对人们的消化系统和神经系统等造成损害，甚至干扰城镇的正常运转。

3.2.4 非传统水资源利用率较低

根据《"十四五"城镇污水处理及资源化利用发展规划》，到 2025 年，全国地级及以上缺水城市再生水利用率要达到 25% 以上，黄河流域中下游地级及以上缺水城市力争达到 30%。根据水利部及西北五省（自治区）水利厅颁布的 2021 年水资源公报，西北五省（自治区）除新疆维吾尔自治区首府乌鲁木齐市外，其余城市的再生水利用率均不足 30%。尤其是干旱缺水的甘肃省，其年污水处理总量达 47 031 万 m^3，但再生水回用量仅有 5739 万 m^3，只占总处理水量的 12.2%，大部分都被直接排入黄河。据调查，兰州市每年一方面要消耗近 4000 万 t 新鲜水用于绿化，而另一方面污水处理厂每年近 2 亿 t 污水经处理后直接排入黄河，兰州市再生水利用率仅为 2.2%，水资源浪费严重[①]。此外，西北地区雨水利用体系不完善，城市蓄水、渗水能力差，无法实现雨水资源化，特别是在集中降雨季节，易引发洪涝灾害，造成城市内涝，严重影响居民生活。海绵城市建设近年来引起了国家的高度重视，可增强城市防洪排涝能力，提高雨水利用效能，促进城市可循环水系统形成。2022 年 4 月，住房和城乡建设部办公厅发布《关于进一步明确海绵城市建设工作有关要求的通知》，提出要采取多种措施，推进海绵城市建设。合理利用非传统水资源是解决水资源浪费现象的重要手段，不仅要强化污水处理，使污水经处理后达到回用水水质标准，提高再生水资源利用率，同时还应重视雨水的收集利用以更好地开发非传统水资源利用途径。

---

① 兰州市生态环境局. 兰州市贯彻落实省级生态环境保护督察反馈问题整改进展情况. http://sthjj.lanzhou.gov.cn/art/2023/5/12/art_9349_1231493.html[2023-05-12].

3.3 水资源配置与市政基础设施

3.3.1 市政管道建设情况

1. 供水管网

根据住房和城乡建设部发布的《2021 年城市建设统计年鉴》，2021 年西北五省（自治区）的供水管道密度为 8.46 km/km²，仅为全国平均水平的 60%，超过 80% 的沿线城镇供水管道密度低于全国平均水平。值得注意的是，西北五省（自治区）的省会（首府）城市除西宁市外，其他 4 个城市的供水管网密度均低于西北五省（自治区）的平均水平，并在各省内城市的排序中处于靠后的位置（图 3-7）。

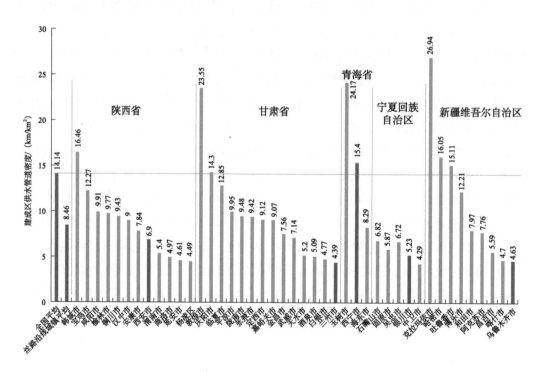

图 3-7　2021 年西部丝路沿线城镇建成区供水管道密度（与全国平均比较）

资料来源：《2021 年城市建设统计年鉴》

2. 排水管网

根据住房和城乡建设部发布的《2021年城市建设统计年鉴》，西北五省（自治区）的排水管道密度为 8.40 km/km²，约为全国平均水平的 70%，各沿线城镇中，超过 90% 的地区低于全国平均水平。陕西省、宁夏回族自治区和新疆维吾尔自治区各城市的排水管道密度均低于全国平均水平。省会（首府）城市中，银川市和乌鲁木齐市低于西北五省（自治区）的平均水平（图3-8）。

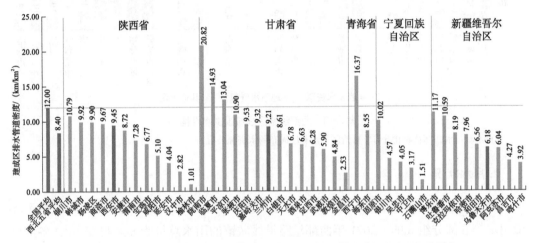

图3-8 2021年西部丝路沿线城镇建成区排水管道密度（与全国平均比较）

资料来源：《2021年城市建设统计年鉴》

3.3.2 供用水情况

1. 供水状况

2020年，我国西部丝路沿线主要城镇供水总量为 525.47 亿 m³，其中地表水为主要的供水水源，供水量为 392.74 亿 m³，占总供水量的 74.74%；地下水供水量为 125.91 亿 m³，占总供水量的 23.96%；其他水源（包括再生水、集雨工程、海水淡化等）供水量为 6.82 亿 m³，占总供水量的 1.30%（图3-9）。陕西省的西安市、宝鸡市、咸阳市、渭南市，地下水资源开采作为城市供水占比与地表水相当，西安市作为省会城市，拥有更大的城市规模和用水需求，西安市的其他水源供水量占比高于陕西省其他城市，供水结构更多样。甘肃省河西走廊的5个城市中，大多采用以地表水为主、地下水为辅的方式供水，其中嘉峪关市和金昌市的供水量相对较少。新疆维吾尔自治区各城镇的供水量分布不均，喀什地区和阿克苏市的供水量远高于西部丝路沿线其他城镇，博州、吐鲁番市、乌鲁木齐市的地下水和地表水资源供水量基本呈对半分布。

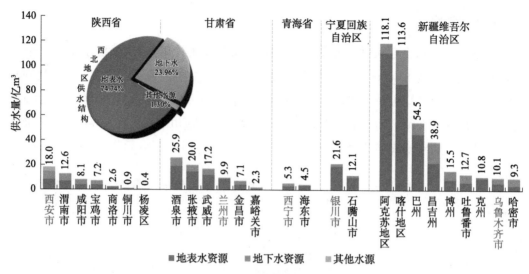

图 3-9 西部丝路沿线城镇供水结构

资料来源：水利部及西北五省（自治区）水利厅颁布的水资源公报

2. 用水状况

城镇用水结构通常是由农业用水、工业用水、生活用水、城镇公共用水以及生态环境用水等五部分组成的，2021年西部丝路沿线城镇的用水总量为848.42亿 m³，各部分用水量占比分别为：农业用水占85.62%，工业用水占4.27%，生活用水占4.65%，城镇公共用水占1.21%以及生态环境用水占4.25%（图 3-10）。可见，各沿线城镇以农业用水为主，尤其是伊犁州喀什地区和阿克苏市。喀什地区盛产甜杏、叶城核桃、小茴香、石榴等作物，而阿克苏市的棉花产量约占新疆维吾尔自治区的80%，是我国最重要的优质棉花生产基地，所以这两个地区的供用水总量远高于绝大部分西部丝路沿线城镇，且以农业用水几乎全占的状态呈现。由于水源类型、产业结构、经济发展状况等的差异，不同城市的用水量及用水结构明显不同。西安市、兰州市、乌鲁木齐市由于是省会（首府）城市，人口基数较大，城市活动较丰富，生活用水量占比明显高于省内其他城市，用水结构更均衡。

3. 用水效益

万元GDP用水量指总用水量与GDP的比值，也可解释为创造一万元GDP的用水量。其中GDP为第一、第二、第三产业生产总和。万元GDP用水量是反映全社会经济和社会领域发展的耗水量，为节水型社会的核心指标之一。根据水利部发布的《2020年中国水资源公报》（图 3-11），2020年全国万元GDP用水量为57.2 m³，其中2020年全国总用水量为5812.9亿 m³、GDP为1 015 986亿元。西部丝路沿线城镇中高于全国平均水平的城镇数量占比约为 58%，且多为经济欠发达地区，甘肃省河西走廊和新疆维吾尔自治区部分地区占比大。其中，新疆维吾尔自治区喀什地区、阿克苏市、克州的万元 GDP 用水量高达 853～1200 m³，远高于全国平均水平。

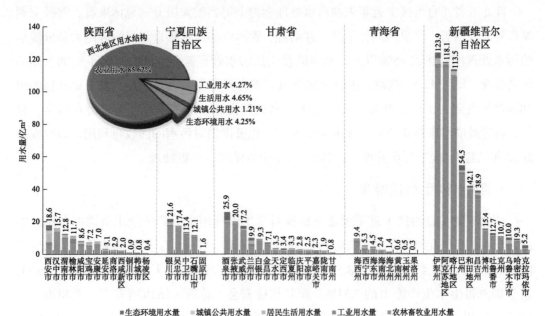

图 3-10　西部丝路沿线城镇用水结构

资料来源：水利部及西北五省（自治区）水利厅颁布的水资源公报

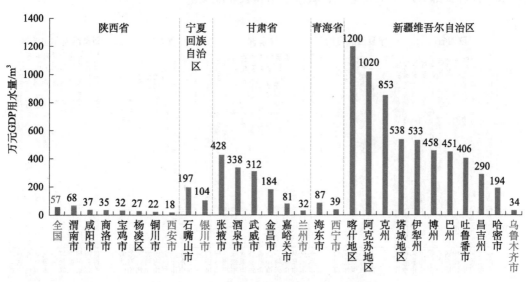

图 3-11　西部丝路沿线城镇万元 GDP 用水量

资料来源：水利部发布的《2020 年中国水资源公报》

3.3.3 污水处理与再生水利用情况

1. 污水处理效率

西北五省（自治区）近年来在污水处理能力上得到很大提升。总体来看，除极个别城市外，陕西省、宁夏回族自治区、甘肃省、青海省和新疆维吾尔自治区绝大部分城市的污水处理率均达到 85% 以上，基本满足生活污水处理需要，大大减轻了受纳水体的污染状况（图 3-12）。然而，也有个别城市如青海省海北藏族自治州、果洛藏族自治州和新疆维吾尔自治区的吐鲁番市，缺乏污水处理设施，对生态环境造成潜在污染。目前，各地政府越来越重视对污水的集中处理，积极提倡对污水的回收再利用，如西安市 2022 年已建有 25 个污水处理厂，其中有 24 个可做二、三级处理。

2. 再生水和雨水利用情况

西北五省（自治区）近年来逐渐重视对再生水和雨水等非传统水资源的利用。据《2021 年城市建设统计年鉴》，2021 年，陕西、甘肃、青海、宁夏和新疆的再生水生产能力分别为 216.4 万 m^3/d、58.5 万 m^3/d、18.1 万 m^3/d、53.2 万 m^3/d 和 112.2 万 m^3/d，占全国总再生水生产能力的 7.51%，而其相应省会（首府）城市西安市、兰州市、西宁市、银川市和乌鲁木齐市的再生水利用率分别为 26.5%、2.2%、26.8%、21.9% 和 30.4%（图 3-13）。再生水主要应用于景观环境，如西安有 78.9% 的再生水被用于景观供水，仅有少部分用于工业生产、城市杂用和农业灌溉。

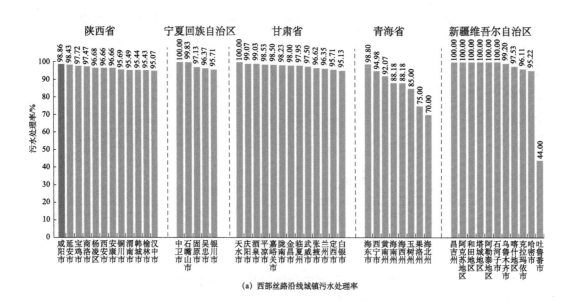

(a) 西部丝路沿线城镇污水处理率

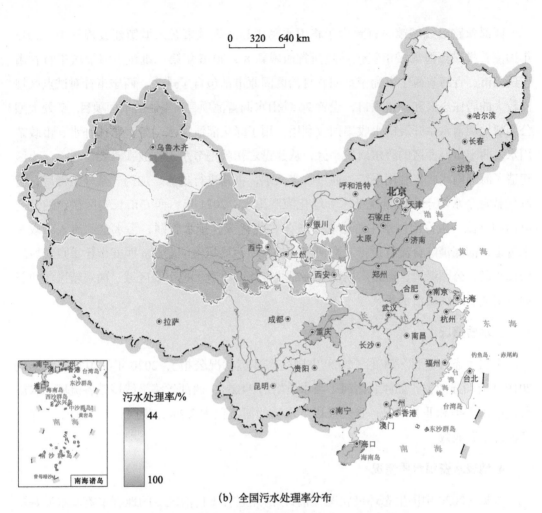

（b）全国污水处理率分布

图 3-12　西部丝路沿线城镇污水处理率与全国情况比较

资料来源：水利部及西北五省（自治区）水利厅颁布的水资源公报

注：香港、澳门、台湾资料暂缺

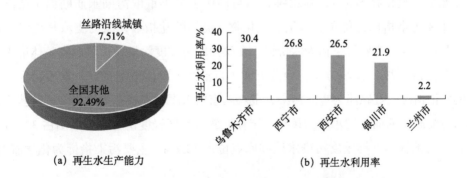

（a）再生水生产能力　　　　　　（b）再生水利用率

图 3-13　西部丝路沿线城镇再生水生产能力全国占比和再生水利用率

资料来源：水利部及西北五省（自治区）水利厅颁布的水资源公报

西部丝路沿线城镇一直致力于将雨水利用和海绵城市融入城镇建设规划中。2015年国家首批试点海绵城市就包括陕西省西咸新区，2016年第二批试点海绵城市将甘肃省庆阳市、青海省西宁市和宁夏回族自治区固原市都包含了进去。西宁市针对试点区规模较大的居住小区和公建项目，设置26处雨水调蓄池项目、4处雨水桶项目、7处大型公园绿地调蓄水系开展雨水收集回收利用，用于绿化灌溉用水、景观水体补水、市政杂用水。西宁市城西区的萨尔斯堡小区，从建设之初就把节水工作放在重要位置上。小区建造了海绵雨水收集利用系统，通过收集雨水，将其进行过滤、加药、紫外消毒后，可以代替自来水用于小区景观补水和绿化灌溉用水。2021年，西安市长安区截污纳管完成雨污分流，敷设雨污水主管道6284.5米，优化城区排水管网，污水全部流入市政污水管道，彻底消除合流管道排入皂河产生的水质污染风险问题[①]。西安市还重点对城区居民小区、公园绿地、道路广场实施海绵城市建设改造，把小寨区域、西咸新区沣西新城打造成了海绵城市示范区。

3. 水质情况

根据生态环境部发布的《2020中国生态环境状况公报》，2020年我国水质状况较2019年有明显改善，如西北诸河Ⅰ类水质增加24.2%，西部丝路沿线城镇各流域的水质普遍呈现Ⅰ类和Ⅱ类情况，Ⅲ类及以下水质的河流仅占3.2%，说明近年来的生态保护和治理卓有成效。

4. 地表水资源水质情况

根据《2020中国生态环境状况公报》，西北五省（自治区）的地表水资源水质基本优良，长江、黄河、澜沧江等干流水质状况优良，但仍有少部分流域的水质存在污染，如宁夏回族自治区黄河支流中清水河为Ⅳ类水质（氟化物超标），苦水河、都思兔河为劣Ⅴ类水质（氟化物超标）；新疆维吾尔自治区劣Ⅴ类重度污染水质断面（点位）占4.1%，主要污染指标为化学需氧量、氟化物、高锰酸盐指数；渭河支流马莲河在甘肃段为劣Ⅴ类水质，主要污染物为六价铬，在陕西段为重度污染，而陕西省整体地表水水质中劣Ⅴ类占2.7%。湖泊方面，西北五省（自治区）整体情况良好，水质稳定，值得注意的湖泊情况：红碱淖为重度污染，宝鸡冯家山水库营养状态等级为轻度富营养，倒淌河入青海湖口断面年均水质为Ⅳ类，宁夏回族自治区轻度富营养的湖泊占33.3%，新疆维吾尔自治区劣Ⅴ类重度污染水质湖库点位占13.7%，主要污染指标为化学需氧量、

---

① 中华人民共和国生态环境部. 督察整改看成效（27）｜昔日臭水渠 今朝换新颜——陕西省西安市长安区皂河成为人民满意的幸福河. https://www.mee.gov.cn/ywgz/zysthjbhdc/dczg/202102/t20210204_820415.shtml[2023-05-19].

氟化物、总磷，其中乌伦古湖为重度污染。

5. 地下水资源水质情况

根据《2020 中国生态环境状况公报》，西北五省（自治区）中，青海省和宁夏回族自治区的绝大部分地区地下水水质良好，基本满足城镇供水水质要求。陕西省地下水指标除关中地区由于过度开采地下水，地表水污染比较严重，造成部分浅层地下水水质恶化外，其余地区地下水水质目前尚可。甘肃省和新疆维吾尔自治区城市地下水污染较为严重，其中甘肃省 51 个地下水国控水质监测点中，Ⅳ类水质监测点占 25.5%，Ⅴ类水质监测点占 19.6%；新疆维吾尔自治区的 41 个地下水国控水质监测点中，Ⅳ类水质监测点占 9.8%，Ⅴ类水质监测点占 29.2%，主要超标物质为硫酸盐、氯化物、钠等。甘肃省和新疆维吾尔自治区地下水污染情况会对正常生活、工业和农业等多种用途造成影响。

6. 城镇集中式饮用水水源地水质情况

根据西北五省（自治区）的生态环境公报，大部分集中式饮用水水源地水质达标，基本满足人体健康的饮用水需求；超标地区中除地质本底超标外，由于各种人为因素的存在，如城市建设、工业发展等引发的水环境污染问题，仍有部分地区水质不达标，如新疆维吾尔自治区的 6 个水质超标水源地，超标指标有硼、硫酸盐、溶解性总固体、总硬度等。

3.4 小结

西部丝路沿线城镇的土地面积与水资源量严重不匹配，面临水资源严重匮乏的问题。其水资源分布主要集中在地势高寒、自然条件差、人烟稀少的地区，导致工业生产和居民生活用水困难。水资源利用模式以粗放型为主，市政管网建设进度落后，用水结构单一，超过一半的西部城镇的万元 GDP 用水量高于全国平均水平，再生水、雨水等非传统水资源利用效率低下。工业废水、农业养殖业污水的直接排放给我国西部丝路沿线部分城镇带来严重的水污染问题。西北五省（自治区）近年来在污水处理上取得了显著成效，基本满足生活需求。虽然对再生水和雨水的利用还未规模化、产业化，但再生水厂和海绵城市建设已融入西部丝路沿线城镇的未来市政规划。

第4章

西部丝路沿线城镇
能源资源特征

本章以各类型能源资源储量和能源资源开发程度为切入点，对西部丝路沿线地区的能源资源储量与开发情况进行了总结，并从能源生产和消费特征方面对西部丝路沿线地区的能源利用情况进行了剖析，以期为西部丝路沿线城镇未来能源高质量发展提供基础资料。

4.1 能源资源储量特征

2020 年全国各类型能源资源储量分布情况如图 4-1 所示。可以看出，西部丝路沿线地区能源资源富集，多种类型能源储量在全国名列前茅。具体来看，陕西省煤炭探明储量仅次于煤炭大省山西省，位居全国第二；新疆维吾尔自治区、甘肃省、陕西省的石油探明储量大，占据全国前三的位置，尤其新疆维吾尔自治区石油探明储量远超其他省（自治区、直辖市）；新疆维吾尔自治区和陕西省的天然气探明储量仅次于四川省，分别位居全国第二和第三。西北地区为太阳能富集区，除陕西省外，其余四省（自治区）太阳能可开发利用量均在全国前五之列。西北地区中宁夏回族自治区、新疆维吾尔自治区、甘肃省的风能资源较为富集，适合建设风光基地。西北地区水能可开发利用量低，其中宁夏回族自治区的水能可开发利用量位居全国倒数第一。

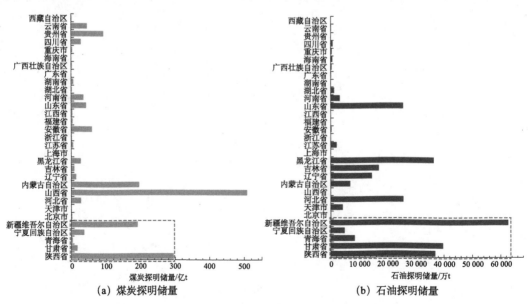

(a) 煤炭探明储量   (b) 石油探明储量

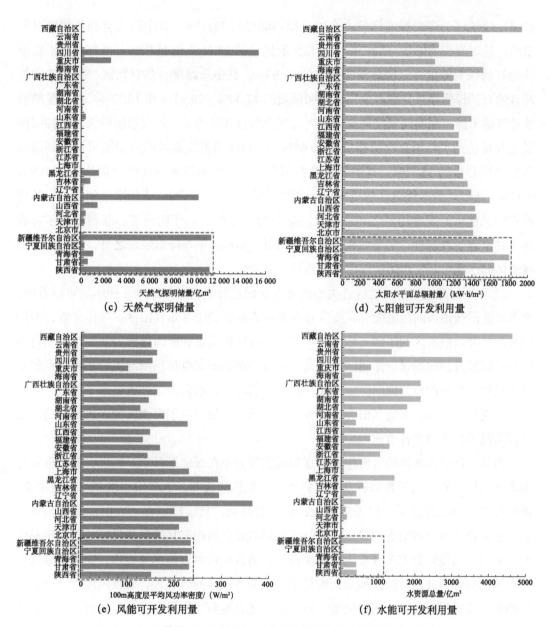

图 4-1 2020 年全国各类型能源资源储量分布

资料来源:《2020 年全国矿产资源储量统计表》《2020 年中国风能太阳能资源年景公报》《2020 年中国水资源公报》

注:部分省份无统计数据,本章余同

2020 年西部丝路沿线地区各类型能源储量的全国占比如图 4-2 所示。可以看出,西部丝路沿线地区的煤炭、石油、天然气探明储量和太阳能、风能可开发利用量均占全国总量的 1/4 以上,水能可开发利用量不大,约占全国总量的 8.38%。具体来看,西部丝路沿线地区的煤炭探明储量占全国总探明储量的 33.07%，其中陕西省和新疆维吾尔自治区的煤炭探明储量分别占据全国总探明储量的 18.11% 和 11.72%。西部丝路沿线地区的石油探明储量占全国总探明储量的 41.97%，其中新疆维吾尔自治区、甘肃省和陕西省的石油探明储量分别占全国总探明储量的 17.30%、10.93% 和 10.17%。西部丝路沿线地区的天然气探明储量位居全国前列，仅陕西省和新疆维吾尔自治区的天然气探明储量之和就达到了全国总探明储量的 35.64%。西部丝路沿线地区的太阳能可开发利用量占据全国总量的 35.51%，其中新疆维吾尔自治区、青海省所占比例分别达到 18.92%、9.07%。西部丝路沿线地区的风能可开发利用量位居全国前列，新疆维吾尔自治区和青海省的风能可开发利用量之和达到全国总量的 22.29%。由于陕西省、新疆维吾尔自治区、甘肃省、青海省、宁夏回族自治区均地处 400 mm 年等降水量线之外，西部丝路沿线地区的水能可开发利用量仅占全国总量的 8.38%。

2020 年西部丝路沿线地区各类型能源资源储量分布情况如图 4-3 所示。可以看出，西部丝路沿线地区的传统能源主要分布在陕西省和新疆维吾尔自治区。具体来看，坐拥榆神矿区和榆横矿区的陕西省榆林市，以及坐拥准东煤田和准南煤田的新疆维吾尔自治区昌吉回族自治州的煤炭探明储量较大，拥有玛湖油田和克拉玛依油田的新疆维吾尔自治区克拉玛依市的石油探明储量较大。此外，新疆维吾尔自治区拥有迪那 2 气田、克深气田、克拉 2 气田、大北气田等多个大气田，因而新疆维吾尔自治区大多数地区的天然气探明储量位于西北各市前列。

西部丝路沿线地区的可再生能源富集区主要分布在新疆维吾尔自治区、青海省和甘肃省。具体来看，由于青海省及甘肃省大部分地区海拔高，大气中尘埃和水汽含量少，透明度高，加之纬度低，白天多晴天，日照时间长，直接辐射强，太阳能资源相对丰富，尤其青海省海西蒙古族藏族自治州、玉树藏族自治州和甘肃省酒泉市的太阳年总辐射量最高。风能资源大多分布于新疆维吾尔自治区和青海省的部分城市，由于新疆维吾尔自治区地处西北内陆沙漠地带，地势平坦，受冬季风的影响大，昼夜温差大，气温变化剧烈，容易形成强风，因而风能资源丰富，尤其是新疆维吾尔自治区乌鲁木齐市和哈密市。陕西省、新疆维吾尔自治区、甘肃省、青海省、宁夏回族自治区均地处干旱区，水资源整体较为匮乏，但新疆维吾尔自治区内有天山的高山积雪，形成季节性水能资源，并且澜沧江发源于青海省，河道天然落差 1553 m，理论蕴藏 785.5 MW 的水能资源，因此新疆维吾尔自治区和青海省有着相对丰富的水能资源，尤其是青海省玉树藏族自治州。

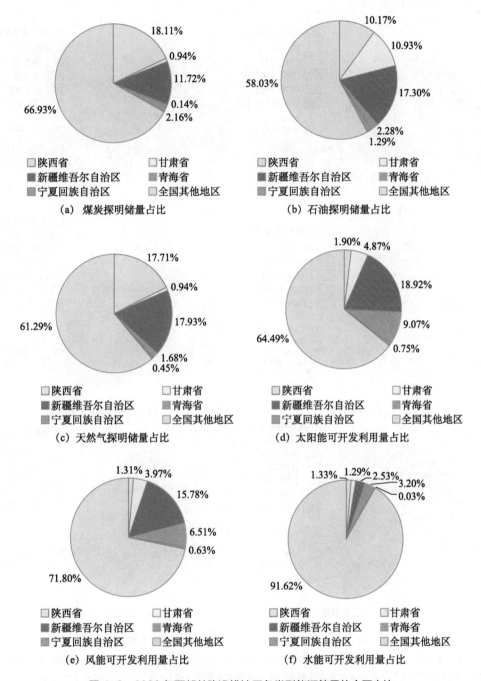

图 4-2 2020 年西部丝路沿线地区各类型能源储量的全国占比

资料来源：《2020 年全国矿产资源储量统计表》《2020 年中国风能太阳能资源年景公报》《2020 年中国水资源公报》

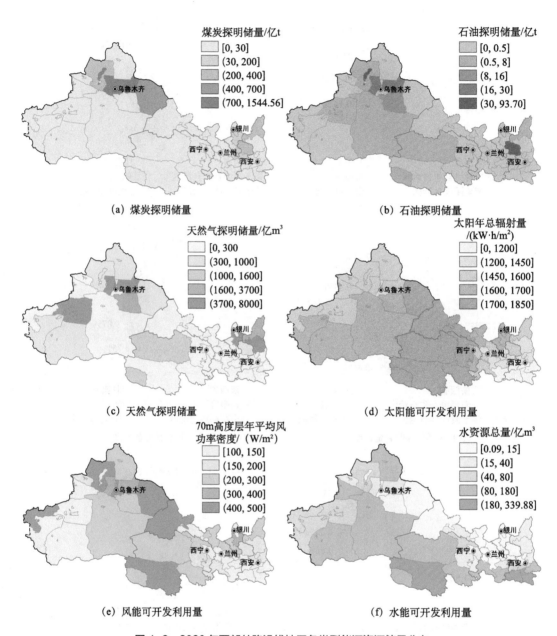

(a) 煤炭探明储量　　　　　　　　　(b) 石油探明储量

(c) 天然气探明储量　　　　　　　　(d) 太阳能可开发利用量

(e) 风能可开发利用量　　　　　　　(f) 水能可开发利用量

图4-3　2020年西部丝路沿线地区各类型能源资源储量分布

资料来源:《2020年全国矿产资源储量统计表》《2020年中国风能太阳能资源年景公报》《2020年中国水资源公报》《2020年新疆维吾尔自治区水资源公报》《2020陕西省水资源公报》《2020年青海省水资源公报》《2020年甘肃省水资源公报》《2020年宁夏水资源公报》,以及西北五省(自治区)各市人民政府网站

4.2 能源资源开发特征

4.2.1 电力装机规模

发挥区域能源资源优势，合理开发利用能源资源，是满足经济和社会发展对能源需求的重要保障。图 4-4 展示了 2020 年全国发电装机容量分布情况。可以看出，与全国其他地区相比，西部丝路沿线地区太阳能发电装机容量和风力发电装机容量较大，而水力发电装机容量较小。具体来看，新疆维吾尔自治区和陕西省煤炭资源较为丰富，其火力发电装机容量较大，而青海省煤炭资源匮乏，其火力发电装机容量较小，处于全国倒数水平，但青海省太阳能资源富集，太阳能发电装机容量较大，位居全国第四。新疆维吾尔自治区风力装机容量较大，位居全国第二。西部丝路沿线地区水力发电装机容量整体不大，尤其是宁夏回族自治区，位居全国倒数第三。

图 4-5 展示了 2020 年西部丝路沿线地区发电装机容量的全国占比。可以看出，我国西部丝路沿线地区火力发电装机容量约占全国总量的 1/7，太阳能发电装机容量和风力发电装机容量均约占全国总量的 1/4，水力发电装机容量约占全国总量的 8.67%。具体来看，西北地区火力发电装机容量空间差异大，新疆维吾尔自治区和陕西省火力发电

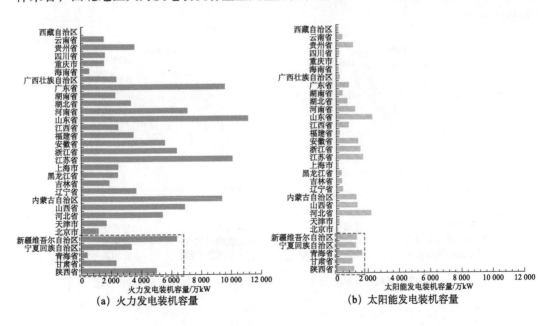

(a) 火力发电装机容量　　　　　　　　　　(b) 太阳能发电装机容量

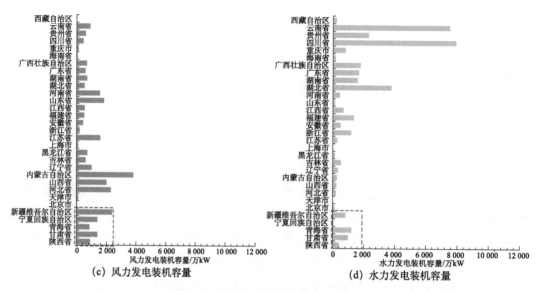

(c) 风力发电装机容量　　　　　　　　**(d) 水力发电装机容量**

图 4-4　2020 年全国发电装机容量分布

资料来源：《中国电力统计年鉴 2021》

装机容量分别占全国总量的 5.08% 和 4.01%，而青海省仅为 0.32%。西北五省（自治区）太阳能发电装机容量均占全国总量的 3% 以上，其中青海省高达 6.31%。甘肃省、新疆维吾尔自治区、宁夏回族自治区风力发电装机容量均占全国总量的 4% 以上，其中新疆维吾尔自治区高达 8.38%。陕西省、甘肃省、新疆维吾尔自治区、宁夏回族自治区水力发电装机容量均占全国总量的 3% 以下，其中陕西省和宁夏回族自治区仅分别为 1.00% 和 0.11%。

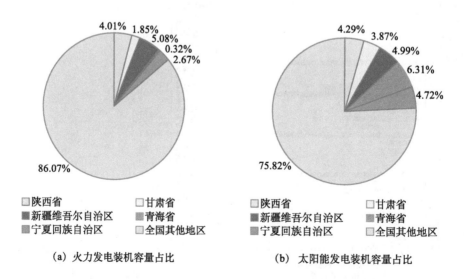

（a）火力发电装机容量占比　　　　　　**（b）太阳能发电装机容量占比**

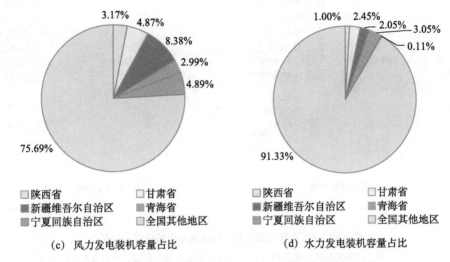

(c) 风力发电装机容量占比   (d) 水力发电装机容量占比

图 4-5 2020 年西部丝路沿线地区发电装机容量的全国占比

资料来源:《中国电力统计年鉴 2021》

    2020 年西部丝路沿线地区发电装机容量分布情况如图 4-6 所示。可以看出,西部丝路沿线地区中,能源发电装机容量大的主要为能源富集区。具体来看,火力发电装机容量最大的地区为榆林市,其次主要为新疆维吾尔自治区北部地区,如乌鲁木齐市、克拉玛依市、昌吉回族自治州等。青海省海西蒙古族藏族自治州和海南蒙古族藏族自治州太阳年总辐射量高,该地区太阳能发电装机容量也位居西北各市前列,而甘肃省大部分地区太阳年总辐射量相对较低,太阳能发电装机容量居于西北地区后位。风力发电装机主要分布在新疆维吾尔自治区的大部分地区,而陕西省风力发电装机容量相对较小,尤其是西安市、咸阳市、铜川市等地区。西北地区水资源匮乏,因而水力发电装机容量整体不高,其中青海省海南藏族自治州、海东市、黄南藏族自治州以及甘肃省兰州市、庆

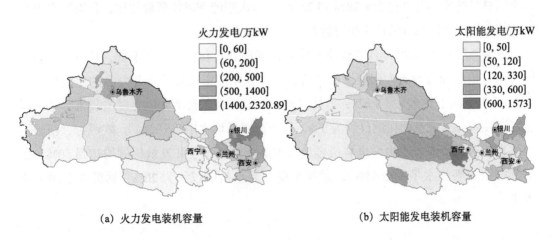

(a) 火力发电装机容量   (b) 太阳能发电装机容量

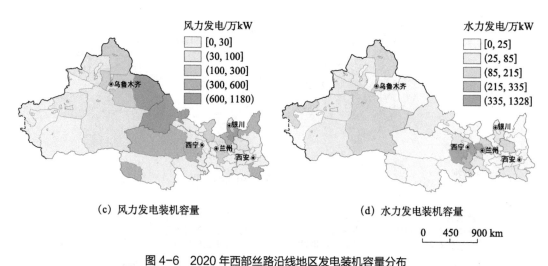

（c）风力发电装机容量　　　　　　　（d）水力发电装机容量

0　　450　　900 km

图 4-6　2020 年西部丝路沿线地区发电装机容量分布

资料来源：西北五省（自治区）统计局 2021 年统计年鉴、西北五省（自治区）各市人民政府网站

阳市、临夏回族自治州、白银市等地区的水力发电装机容量处于西北地区前列，达 100 万 kW 以上。

4.2.2　能源开发程度

西部丝路沿线地区可再生能源资源丰富，但能源开发程度不高。结合图 4-2 和图 4-5 可以看出，新疆维吾尔自治区和青海省的太阳能资源丰富，尤其是新疆维吾尔自治区的太阳能可开发利用量达到全国总量的 18.92%，但新疆维吾尔自治区和青海省的太阳能发电装机容量占全国总量的比例分别仅为 4.99% 和 6.31%。新疆维吾尔自治区和青海省的风能可开发利用量分别占全国总量的 15.78% 和 6.51%，但风力发电装机容量占全国总量的比例分别仅为 8.38% 和 2.99%。与太阳能和风能资源相比，各地区水力发电装机容量占全国总量的比例相对较低，均在 4% 以下。

图 4-7 展示了 2020 年西部丝路沿线地区能源开发程度。具体来看，甘肃省、新疆维吾尔自治区和青海省太阳能发电装机容量占太阳能资源技术可开发量的比例均不足 1%，低于全国平均水平（1.62%）。甘肃省和新疆维吾尔自治区风力发电装机容量占风能资源技术可开发量的比例仅约为 3%，低于全国平均水平（5.12%）。陕西省、新疆维吾尔自治区、青海省水力发电装机容量占水能资源技术可开发量比例均达到 50%，但仍低于全国平均水平（53.64%），尤其宁夏回族自治区仅约为 20%，远低于全国平均水平。

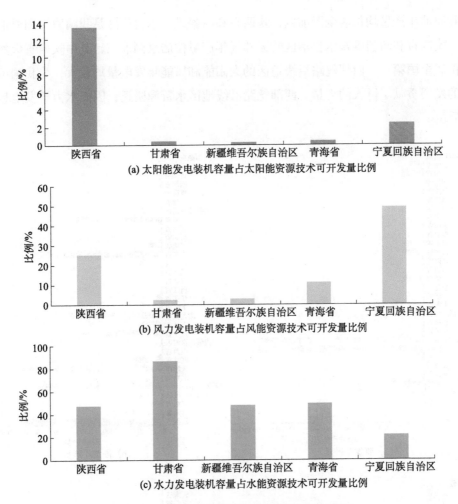

(a) 太阳能发电装机容量占太阳能资源技术可开发量比例

(b) 风力发电装机容量占风能资源技术可开发量比例

(c) 水力发电装机容量占水能资源技术可开发量比例

图 4-7　2020 年西部丝路沿线地区能源开发程度

资料来源：《中国电力统计年鉴 2021》、《青海省生态经济发展规划（2021—2025 年）》、《甘肃省"十四五"能源发展规划》、陕西省能源局（2019）、刘文峰（2022）、宁夏商务厅（2021）

4.3　能源生产和消费特征

4.3.1　能源生产

2020 年全国能源年产量分布情况如图 4-8 所示。西部丝路沿线地区是我国重要的能源基地，各类型能源资源年产量均相对较大。具体来看，陕西省和新疆维吾尔自治区的原煤和原油年产量均位居全国前四，陕西省和新疆维吾尔自治区是我国原煤和原油生产大省。陕西省和新疆维吾尔自治区的天然气年产量位居全国前三，其中陕西省天然气年产量位居全国第一。西部丝路沿线地区的太阳能和风能年发电量均较大，为我国可再生能源的发展贡献了巨大的力量。西部丝路沿线地区水资源匮乏，因而水力年发电量居于全国后位。

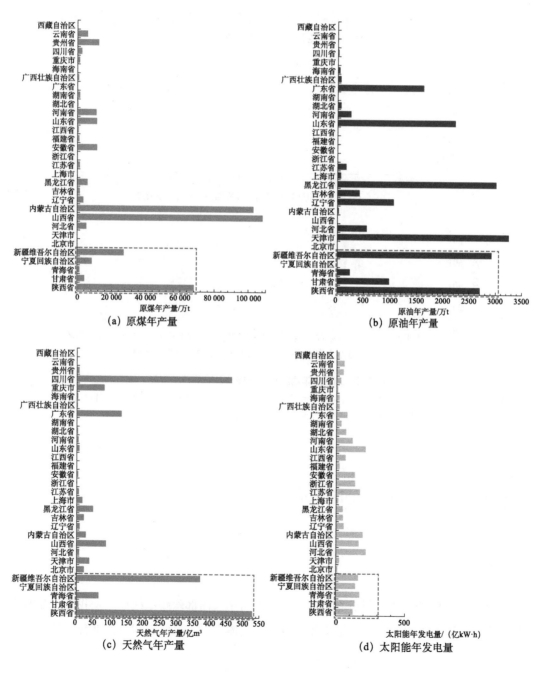

(a) 原煤年产量　　　　　　　　(b) 原油年产量

(c) 天然气年产量　　　　　　　(d) 太阳能年发电量

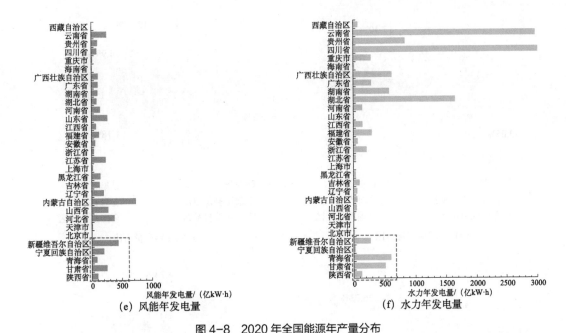

图 4-8 2020 年全国能源年产量分布

资料来源：全国各省（自治区、直辖市）统计局 2021 年统计年鉴

　　2020 年西部丝路沿线地区能源年产量的全国占比如图 4-9 所示。可以看出，西部丝路沿线地区的原煤、原油、天然气年产量和太阳能、风力年发电量均占全国总量的 1/4 以上，天然气年产量更是高达全国总量的约 1/2，但水力年发电量相对较小，仅占全国总量的 11.15%。具体来看，陕西省的原煤年产量达全国总量的 17.30%，远超甘肃省、新疆维吾尔自治区、青海省和宁夏回族自治区的原煤年产量。陕西省和新疆维吾尔自治区的原油年产量之和及天然气年产量之和分别达全国总量的 28.90% 和 46.05%，陕西省和新疆维吾尔自治区是中国油气生产大省。新疆维吾尔自治区的太阳能年发电量和风能年发电量均处于全国前列，分别占全国总量的 10.53% 和 10.51%。除以上地区，西部丝路沿线其他地区太阳能年发电量也均达全国总量的 4% 以上。但是，西部丝路沿线地区水力年发电量的全国占比均在 5% 以下，其中陕西省和宁夏回族自治区水力年发电量仅占全国总量的 0.99% 和 0.18%。

　　2020 年西部丝路沿线地区能源年产量分布情况如图 4-10 所示。可以看出，西部丝路沿线地区中能源年产量较大区域主要集中于能源储量大及能源发电装机容量大的地区。在传统能源方面，陕西省榆林市、新疆维吾尔自治区大部分地区原煤年产量相对较大，而陕西省关中地区、甘肃省和青海省大部分地区原煤年产量相对较小。陕西省榆林市、延安市和新疆维吾尔自治区多数地区原油和天然气年产量相对较大，而陕西省关中地区以及甘肃省、青海省、宁夏回族自治区原油和天然气年产量几乎为零。

_67

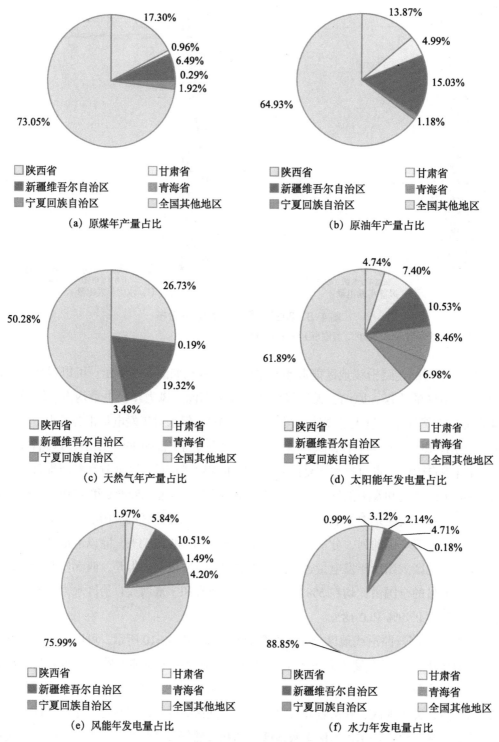

（a）原煤年产量占比

（b）原油年产量占比

（c）天然气年产量占比

（d）太阳能年发电量占比

（e）风能年发电量占比

（f）水力年发电量占比

图4-9　2020年西部丝路沿线地区能源年产量的全国占比

资料来源：全国各省（自治区、直辖市）统计局2021年统计年鉴

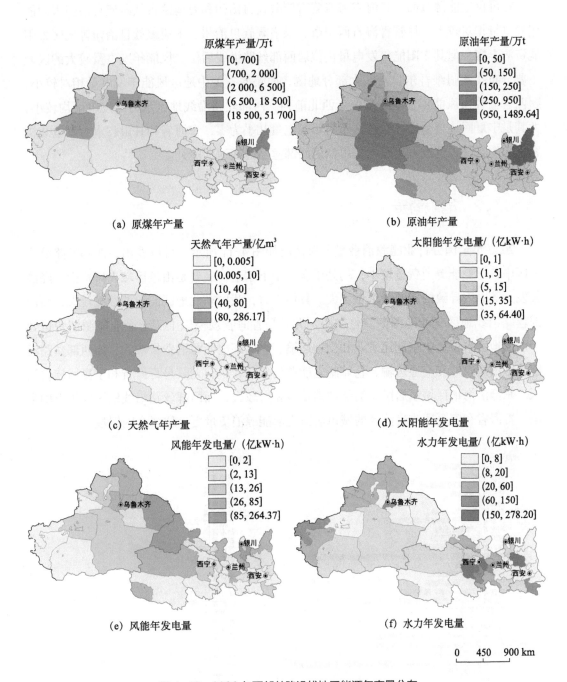

图 4-10　2020 年西部丝路沿线地区能源年产量分布

资料来源：西北五省（自治区）统计局 2021 年统计年鉴、西北五省（自治区）各市人民政府网站

在可再生能源方面，青海省海西蒙古族藏族自治州和海南蒙古族藏族自治州太阳能年发电量相对较大。尽管青海省西宁市、果洛藏族自治州、玉树藏族自治州等地区太阳能资源丰富，但其太阳能年发电量仍位居西部丝路沿线后位。风能年发电量较大的区域主要分布在新疆维吾尔自治区大部分地区，而陕西省关中地区风能年发电量相对较小，陕西省榆林市风能年发电量却位于西北前列。西部丝路沿线地区水力年发电量均较小，尤其是宁夏回族自治区多数地区水力年发电量几乎为零，青海省和甘肃省水力发电装机容量大的区域，其水力年发电量也位居西部丝路沿线地区前列。

4.3.2　能源消费

2020 年全国分行业能源消费量分布情况如图 4-11 所示。可以看出，西部丝路沿线地区中各行业能源消费量较小，均处于全国中下水平，主要是由该区域人口稀少、经济欠发达等原因导致的能源需求量不大。具体来看，我国东北地区能源消费量较大，而西部丝路沿线地区工业能源消费量较小，尤其是青海省规模以上工业企业能源消费量处于西北地区末位。中东部建筑业和交通运输、仓储邮电能源消费量较大，而西部丝路沿线地区的建筑业和交通运输、仓储邮电能源消费量较小，尤其是青海省和宁夏回族自治区。东部沿海地区城镇居民生活能源消费量相对较大，而西部丝路沿线地区处于全国末位，青海省和宁夏回族自治区的城镇居民生活能源消费量更是位居全国倒数。

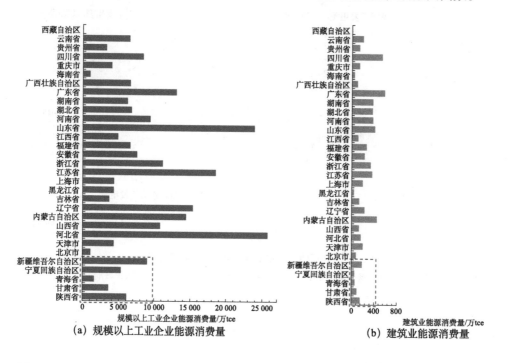

(a) 规模以上工业企业能源消费量　　　(b) 建筑业能源消费量

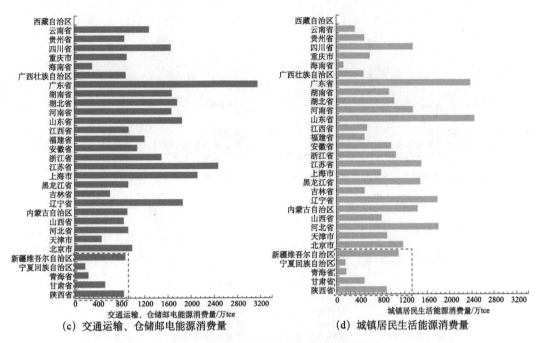

（c）交通运输、仓储邮电能源消费量　　　　　（d）城镇居民生活能源消费量

图 4-11　2020 年全国分行业能源消费量分布

资料来源：全国各省（自治区、直辖市）统计局 2021 年统计年鉴

2020 年西部丝路沿线地区分行业能源消费量的全国占比如图 4-12 所示。可以看出，西部丝路沿线地区的规模以上工业企业、建筑业、交通运输、仓储邮电、城镇居民生活能源消费量分别占全国总量的 11.19%、6.78%、6.94%、9.94%。从不同行业对比来看，规模以上工业企业的能源消费量相对较大，主要原因是西部丝路沿线地区以重工业为主，长期以来粗放式的发展模式造成了工业领域能耗大。此外，受北方冬季采暖需求影响，西部丝路沿线城镇居民生活能源消费量占比也较大。从不同地区对比来看，陕西省和新疆维吾尔自治区各行业能源消费量整体大于甘肃省、青海省和宁夏回族自治区，其中青海省各行业能源消费量均较小。陕西省是西部丝路沿线地区经济相对发达、人口流入相对较多的地区，其城市基建规模和速度高于其他地区，使得陕西省能源消耗量相对较高。青海省地广人稀，在产业方面尚未形成完整的产业链，因而青海省各行业能源消费量均较小。

2020 年西部丝路沿线地区分行业能源消费量分布情况如图 4-13 所示。可以看出，西部丝路沿线地区中，省会（首府）城市各行业能源消费量相对较大。具体来看，陕西省和新疆维吾尔自治区规模以上工业企业能源消费量较大的城市为克拉玛依市、榆林市、阿克苏地区、昌吉回族自治州、渭南市。除西宁市和嘉峪关市之外，青海省和甘肃省各城市的规模以上工业企业能源消费量较小。西安市、银川市、兰州市、西宁市、乌鲁木齐市 5 个省会（首府）城市以及周围邻近的城市建筑业能源消费量较大。青海省大

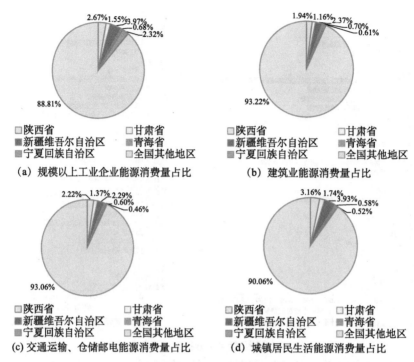

(a) 规模以上工业企业能源消费量占比

(b) 建筑业能源消费量占比

(c) 交通运输、仓储邮电能源消费量占比

(d) 城镇居民生活能源消费量占比

图4-12 2020年西部丝路沿线地区分行业能源消费量的全国占比

资料来源：全国各省（自治区、直辖市）统计局2021年统计年鉴

部分地区、克孜勒苏柯尔克孜自治州、吐鲁番市、延安市、商洛市、张掖市受人口密度影响，建筑业能源消费量较小。青海省南部城市、宁夏回族自治区南部城市、新疆克孜勒苏柯尔克孜自治州交通运输、仓储邮电能源消费量较小，5个省会（首府）城市以及喀什地区交通运输、仓储邮电能源消费量居西部沿线地区前列。除5个省会（首府）城市外，喀什地区、和田地区、伊宁市、榆林市城镇居民生活能源消费量较大，青海省、甘肃省、宁夏回族自治区大部分城市城镇居民生活能源消费量较小。

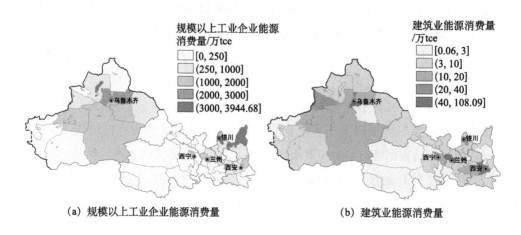

(a) 规模以上工业企业能源消费量

(b) 建筑业能源消费量

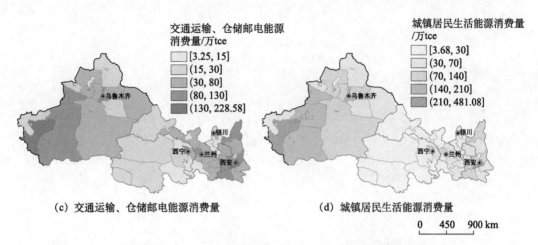

（c）交通运输、仓储邮电能源消费量　　　　　（d）城镇居民生活能源消费量

图 4-13　2020 年西部丝路沿线地区分行业能源消费量分布

资料来源：西北五省（自治区）统计局 2021 年统计年鉴、西北五省（自治区）各市 2022 年国民经济和社会发展统计公报

4.4 ▸ 小结

　　西部丝路沿线地区能源资源富集，但能源开发利用程度低，可再生能源发展速度有待提升。在能源资源储量方面，西部丝路沿线地区是我国重要的能源基地，多种类型能源储量在全国名列前茅，其中陕西省和新疆维吾尔自治区传统能源资源丰富，甘肃省、青海省和宁夏回族自治区太阳能和风能资源条件优越。在能源资源开发方面，西部丝路沿线地区可再生能源资源开发程度不高，尤其是甘肃省、新疆维吾尔自治区、青海省的太阳能开发程度低，甘肃省和新疆维吾尔自治区的风能开发程度低，陕西省、新疆维吾尔自治区、青海省、宁夏回族自治区的水能开发程度均不高。在能源生产和消费方面，西部丝路沿线地区能源生产和消费类型仍以煤炭为主，其中陕西省、新疆维吾尔自治区、宁夏回族自治区传统能源生产消费量较大，青海省和甘肃省可再生能源生产消费量较大。未来，西部丝路沿线地区应充分利用可再生能源富集、戈壁滩和荒漠空间广袤等优势，加快光电、风电等新型能源大规模存储、外送输配基础设施建设，同时构建可再生能源多能互补新型城镇能源体系，加快西部丝路沿线地区能源绿色转型。

第5章

西部丝路沿线城镇建筑
能耗与碳排放概况

本章以西部丝路沿线城镇减碳与建筑节能政策的分析解读为导向，总结了丝路沿线城镇与建筑的碳排放特征，归纳了丝路沿线城镇供热规模与建筑能耗特征，为我国西部城镇更新建筑用能模式、降低碳排放和提高建筑节能率提供基础。

5.1 城镇建筑节能政策

5.1.1 西部丝路沿线城镇建筑概况

2016～2020 年西北五省（自治区）建筑施工面积和竣工面积如图 5-1 所示。整体来看，虽然西北五省（自治区）建筑总施工面积呈现增长趋势，但各省（自治区）施工面积和竣工面积均未达到全国平均线。

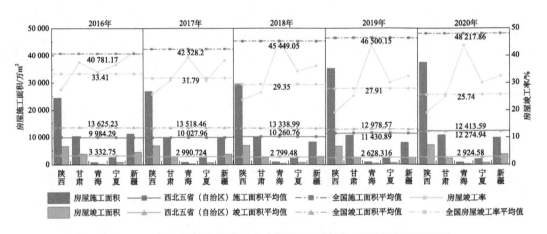

图 5-1　2016～2020 年西北五省（自治区）建筑施工面积和竣工面积图

资料来源：国家统计局-地区数据-分省年度数据-建筑业房屋建筑面积. https://data.stats.gov.cn/easyquery.htm?cn=E0103［2023-08-30］

房屋施工面积指报告期内正在进行施工的建设项目房屋建筑面积，是反映城市建筑建造程度的一个直观指标。在西北五省（自治区）中，2016～2020 年平均房屋施工面积最大的为陕西，最小的为青海，房屋施工面积排名：陕西＞新疆＞甘肃＞宁夏＞青海。其中仅陕西施工面积超出西北五省（自治区）平均施工面积，这表明在建筑施工、建设投资方面，陕西均处于西北五省（自治区）中的领先地位。

房屋竣工面积是指本期内竣工可供使用的房屋建筑面积，是反映建筑企业生产成果的重要指标。在西北五省（自治区）中，房屋竣工面积最大的为陕西，最小的为青海。因为房屋竣工面积很大程度上受到房屋施工面积的影响，所以房屋竣工面积和房屋施工面积排名相同：陕西＞新疆＞甘肃＞宁夏＞青海。其中陕西和新疆（2019 年除外）竣工面积超出西北五省（自治区）平均值。

房屋竣工率是一定时期内房屋竣工面积占同期房屋施工面积的比率。从整体来看，全国房屋竣工率平均值呈现下降趋势，西北五省（自治区）中陕西、甘肃、新疆的房屋竣工率均呈现下降趋势，宁夏和青海呈现先增后减趋势。此外，青海、宁夏（2017 年除外）、新疆的房屋竣工率超出全国平均值，陕西、甘肃（2016 年除外）均不足全国平均值，其中陕西最低。

从整体来看，虽然西北五省（自治区）在房屋施工面积和房屋竣工面积数量上远不及其他地区，这主要由地区经济发展水平决定，但在房屋竣工率上部分省（自治区）领先于全国平均值。

5.1.2 建筑节能政策发展

我国社会总能耗主要有工业能耗、建筑能耗、交通能耗，其中建筑能耗占社会总能耗的 30%～40%。从 20 世纪 80 年代起，建筑节能政策不断推出，旨在提高建筑行业使用节能建材的比例和促进节能技术的发展，降低建筑能耗，从而降低单位 GDP 能耗。

对于严寒和寒冷地区居住建筑，全国的节能标准从 1986 年的平均节能率 30%［《民用建筑节能设计标准（采暖居住建筑部分）》（JGJ 26—86）］逐渐提高到 2019 年的 75%［《严寒和寒冷地区居住建筑节能设计标准》（JGJ 26—2018）］，如图 5-2（a）所示。对于公共建筑，全国节能标准从 1994 年的平均节能率 30% 逐渐提高到 2022 年的 72%，如图 5-2（b）所示。我国建筑节能标准始终在稳步提高，公共建筑节能标准略滞后于居住建筑节能标准。

西北五省（自治区）的城市均积极响应国家政策，并在国家各阶段节能标准出台后制定地方节能实施细则。值得注意的是，甘肃两次先于国家出台更高标准的居住建筑节能政策，在居住建筑节能发展方面走在了西北五省（自治区）的前列。在公共建筑节能政策方面，仅新疆提出了更高的节能 75% 的标准。

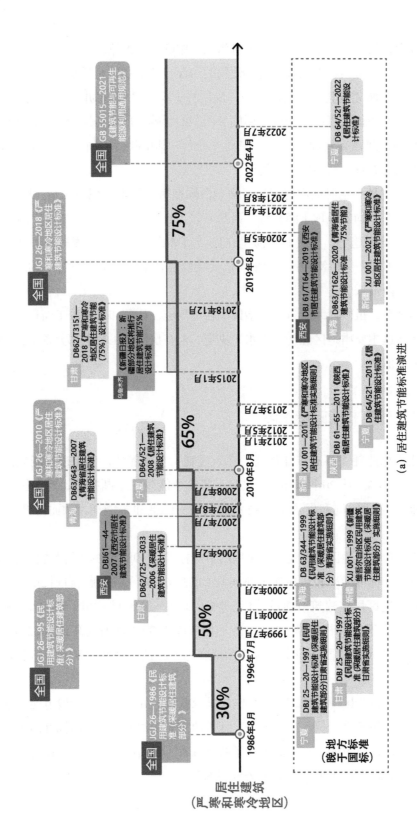

（a）居住建筑节能标准演进

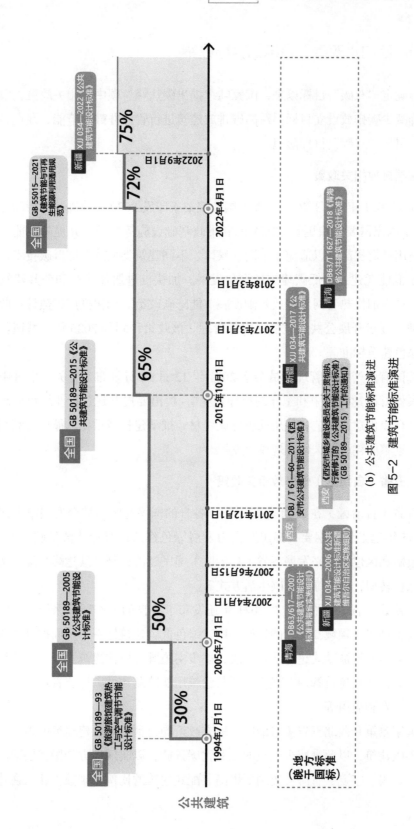

（b）公共建筑节能标准演进

图5-2 建筑节能标准示意演进

5.1.3 面向"双碳"目标的减碳政策

自我国确定"双碳"目标以来，国家陆续推出碳达峰、碳中和相关政策，政策的主要内容围绕减少碳排放设立目标，对高碳排放建筑进行管控并鼓励节能、绿色、健康高质量发展，引导"双碳"目标落地。

1. 国家碳排放相关政策

国务院于2021年10月26日下发《国务院关于印发2030年前碳达峰行动方案的通知》，规定了国家需要加快更新建筑节能和市政基础设施等标准，并提高节能降碳的要求。建筑适用性需提高，以适应于不同气候区、不同建筑类型的节能低碳技术研发和推广，推动超低能耗建筑、低碳建筑规模化发展。加快推进居住建筑和公共建筑节能改造，持续推动老旧供热管网等市政基础设施节能降碳改造。加快推广供热计量收费和合同能源管理，逐步开展公共建筑能耗限额管理。该政策计划到2025年，城镇新建建筑全面执行绿色建筑标准。

国务院国有资产监督管理委员会于2021年12月30日发布了《关于推进中央企业高质量发展做好碳达峰碳中和工作的指导意见》，提出要提升建筑行业绿色低碳发展水平，全面推行绿色建造工艺和使用绿色低碳建材，推动建材减量化、循环化利用，推进超低能耗、近零能耗、低碳建筑规模化发展。

2. 西北五省（自治区）碳排放相关政策

西北五省（自治区）在2021年均发布了各自的国民经济和社会发展第十四个五年规划和2035年远景目标纲要，提出要大力发展绿色建筑；坚持清洁低碳、安全高效，立足资源禀赋和区位优势来发展各省（自治区）国民经济；制定碳达峰行动方案；加快发展方式绿色转型，倡导绿色低碳生活方式等。

另外，西北五省（自治区）在2021年还发布了各自的生态环境保护"十四五"规划，提出要推动建筑领域二氧化碳控排，构建绿色低碳建筑体系，全面推进建筑绿色低碳化发展，大力发展被动式超低能耗建筑，逐步实施既有居住建筑和公共建筑绿色节能改造；加大绿色低碳建筑管理，强化对公共建筑用能监测和低碳运营管理，加大零碳建筑等技术的开发和应用等。

上述国家政策和西北五省（自治区）地方政策均提到了要从建筑节能入手，打造低碳建筑、零碳建筑，以此来减少建筑的二氧化碳排放，以实现地方和国家层面的减碳目标。陕西、甘肃、宁夏、青海均提到要提高装配式建筑的比例，来减少建筑在建设过程中的物料浪费，并减少建筑垃圾的产生，有利于节能环保、节约资源；同时装配式建筑的预制构件是在工厂加工完成的，这也大大地加快了施工建造的速度。

5.2 城镇建筑能耗特征

5.2.1 建筑运行能耗

中国建筑节能协会发布的《2021 中国建筑能耗与碳排放研究报告》显示，2019 年，全国建筑全过程能耗总量为 22.33 亿 tce，占全国能源消费总量的比重为 45.8%。其中，建筑运行阶段能耗为 10.3 亿 tce，占全国能源消费总量的 21.2%。可以看出，随着我国逐渐进入城镇化新阶段，建设速度放缓，建筑运行阶段能耗逐步成为全社会能耗的重要组成部分，建筑运行阶段能耗的合理控制是实现建筑节能的核心环节之一。

1. 建筑能耗空间分布特征

揭示建筑能耗空间分布特征是建立西部丝路沿线城镇建筑能耗空间分布模式与其地域性影响因素关系的纽带。2019 年全国各省（自治区、直辖市）建筑能耗数据的空间化处理结果如图 5-3 所示。

我国建筑能耗总量呈现出较为聚集的空间分布模式。建筑能耗总量的空间分布特征显示，我国华北、华东以及华南地区等的部分位于东部沿海的省份的建筑能耗总量高于西北地区［图 5-3（a）］。相对而言，单位面积建筑能耗的空间分布特征则相反，西北五省（自治区）的单位面积建筑能耗高于华东以及华南地区靠近东南沿海地区，尤其是青海的空间化处理结果对比最为明显［图 5-3（b）］。

全国各省（自治区、直辖市）建筑运行阶段能耗情况如图 5-4（a）所示。不难看出，广东是建筑运行阶段能耗总量最高的省份，建筑能耗为 8875.37 万 tce；山东、河北分别位居第二、第三；海南建筑能耗最小（640.97 万 tce），仅占广东的 7.22%，相差巨大。全国各省（自治区、直辖市）建筑能耗的平均值为 3448.44 万 tce，广东、山东以及河北的数据是全国平均值的两倍左右，而西北五省（自治区）中仅陕西高出全国平均值，其中宁夏及青海的建筑能耗远远低于全国平均值。

图 5-4（b）显示了 2019 年全国各省（自治区、直辖市）建筑运行阶段单位面积建筑能耗情况。2019 年全国建筑面积为 7.2648×10^{10} m²，其中城镇居住建筑（简称

城镇居建）面积为 $3.3696 \times 10^{10} \, \mathrm{m}^2$，占比为 46.38%；农村居住建筑（简称农村居建）面积为 $2.535 \times 10^{10} \, \mathrm{m}^2$，占比为 34.89%；公共建筑面积为 $1.3602 \times 10^{10} \, \mathrm{m}^2$，占比为 18.72%。结合建筑面积数据可求得，全国单位面积建筑能耗为 64.41 kgce/m^2。青海虽然建筑能耗总量十分低，但却是建筑运行阶段单位面积建筑能耗最高的地区，能耗强度为 150.08 kgce/m^2；北京、天津分别位居第二、第三；重庆单位面积建筑能耗最小（31.37 kgce/m^2），仅占青海的 20.90%，相差巨大。西北五省（自治区）中宁夏略低于全国平均值；甘肃、陕西、新疆分别高于平均值 0.04 倍、0.08 倍、0.25 倍，青海位居全国第一。

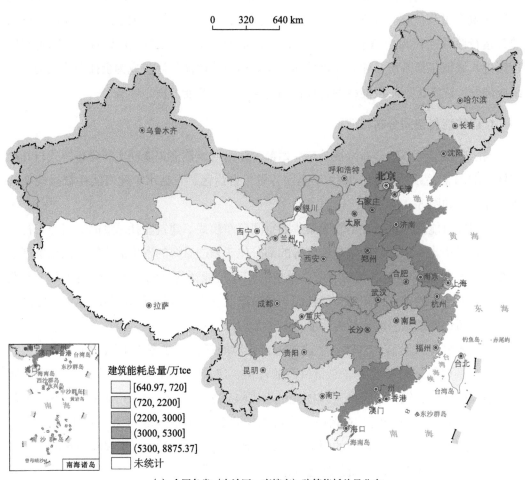

（a）全国各省（自治区、直辖市）建筑能耗总量分布

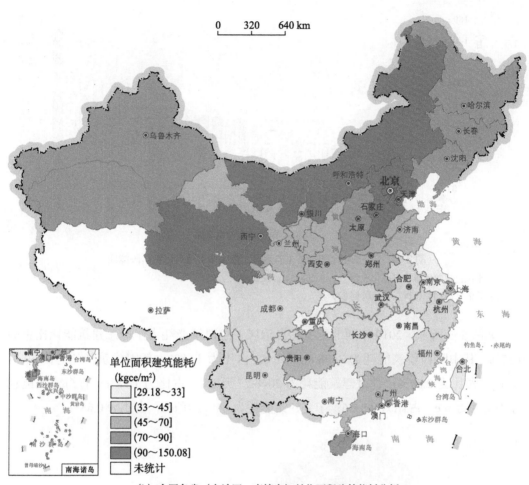

（b）全国各省（自治区、直辖市）单位面积建筑能耗分析

图 5-3 2019 年全国各省（自治区、直辖市）建筑能耗数据的空间化处理结果

资料来源：建筑碳排放可视化平台（www.cbeed.cn/#/screen）

注：香港、澳门、台湾资料暂缺

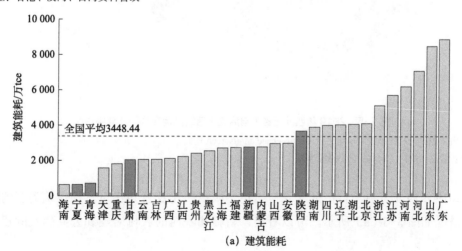

（a）建筑能耗

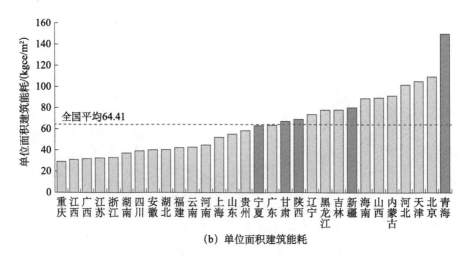

（b）单位面积建筑能耗

图 5-4　2019 年全国各省（自治区、直辖市）建筑运行阶段能耗

资料来源：建筑碳排放可视化平台（www.cbeed.cn/#/screen）

注：香港、澳门、台湾、西藏数据暂缺

如图 5-5 所示，2019 年西北五省（自治区）总建筑能耗占全国总建筑能耗比重的 9.57%，其中陕西建筑能耗为 3698.88 万 tce，占比为 3.58%；新疆建筑能耗为 2789.01 万 tce，占比为 2.69%；甘肃建筑能耗为 2048.77 万 tce，占比为 1.98%；青海建筑能耗为 719.13 万 tce，占比为 0.69%；宁夏建筑能耗为 646.6 万 tce，占比为 0.63%。

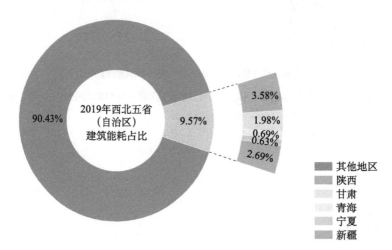

图 5-5　2019 年西北五省（自治区）建筑能耗在全国能耗中占比

资料来源：建筑碳排放可视化平台（www.cbeed.cn/#/screen）

注：香港、澳门、台湾、西藏数据暂缺

2019 年西北五省（自治区）农村居建、城镇居建及公共建筑三种建筑类型的能耗总量情况如图 5-6（a）所示。可以看出，新疆和陕西的农村居建和公共建筑的建筑能

耗相近,但由于陕西的城市人口多于新疆,所以陕西的城镇居建的建筑能耗明显高于新疆。在西北五省(自治区)中,青海和宁夏的建筑能耗总量较低,且这两个地区三种建筑类型能耗占总能耗的比例相近。通过进一步统计 2019 年西北五省(自治区)的新建建筑面积,获得了西北五省(自治区)三种建筑类型的单位面积建筑能耗数据,如图5-6(b)所示。数据显示,陕西、甘肃、宁夏、新疆的单位面积建筑能耗相近,而青海的建筑能耗总量虽低,但青海的公共建筑单位面积建筑能耗及总单位面积建筑能耗均明显高于其他地区。

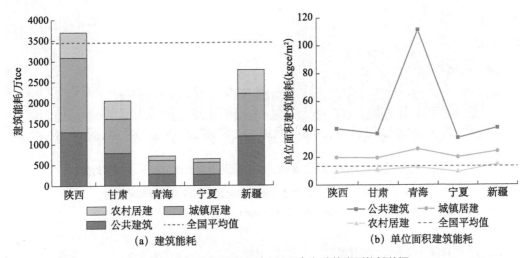

图 5-6 2019 年西北五省(自治区)各建筑类型能耗数据

资料来源:建筑碳排放可视化平台(www.cbeed.cn/#/screen)

2. 建筑能耗时间变化规律

挖掘建筑能耗时间变化规律是预测西部丝路沿线城镇建筑能耗未来发展趋势的基础。图 5-7 为 2015~2019 年西北五省(自治区)各建筑类型能耗总量。

2015~2019 年西北五省(自治区)各建筑类型能耗总量的数据显示(图 5-7),西北五省(自治区)公共建筑、农村居建、城镇居建的能耗大部分呈现增长趋势,但西北五省(自治区)的各建筑类型能耗占比历年来基本不变,2015~2019 年不同建筑类型的占比平均值分别为公共建筑 37.0%、农村居建 18.3%、城镇居建 44.7%。数据显示,西北五省(自治区)建筑能耗总量及全国建筑能耗总量均值均呈增长趋势。各类建筑能耗占比保持在一定区间内小幅波动,西北五省(自治区)中各类建筑能耗占比均有所差异。

2015~2019 年西北五省(自治区)各建筑类型的单位面积建筑能耗数据(图5-8)显示,陕西、甘肃、宁夏的单位面积建筑能耗分别在 69.7 kgce/m²、67.4 kgce/m²、

66.7 kgce/m² 上下波动，青海呈现缓慢增加趋势，新疆则呈现先增加后下降趋势。西北五省（自治区）内部城镇居建的单位面积建筑能耗占比趋势相同，均呈现下降趋势。

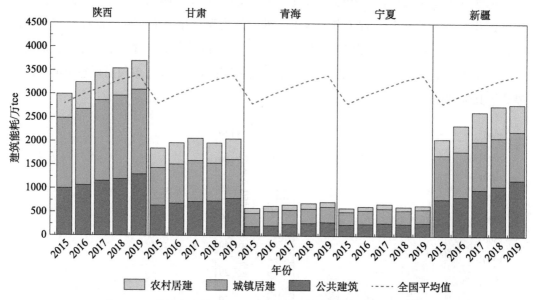

图 5-7　2015～2019 年西北五省（自治区）各建筑类型能耗总量

资料来源：建筑碳排放可视化平台（www.cbeed.cn/#/screen）

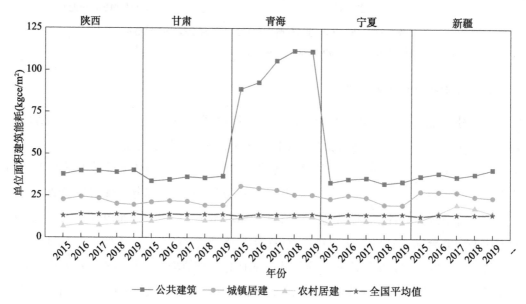

图 5-8　2015～2019 年西北五省（自治区）各建筑类型单位面积建筑能耗

资料来源：建筑碳排放可视化平台（www.cbeed.cn/#/screen）

5.2.2 西部丝路沿线城镇建筑供热能耗

建筑供热能耗主要来源于冬季采暖地区的供暖能源消耗，供暖方式包括集中供暖和分散供暖。据统计，从用能总量来看，北方城镇供热能耗约占建筑能耗的 1/4（关雪等，2022），而从能耗强度来看，公共建筑和北方城镇供热能耗强度高于城镇居建及农村居建（胡姗等，2020）。我国西部丝路沿线多个典型城市均存在供暖问题，因此，单独考虑西部丝路沿线城镇建筑供热能耗具有重要意义。

1. 西部丝路沿线典型城市气候区划及采暖设计参数

表 5-1 给出了我国西部丝路沿线典型城市所属气候区划、采暖度日数、供暖设计原则及要求、采暖期天数等信息。从表中可以看出，青海刚察作为严寒 A 区代表性城市，采暖度日数大于等于 6000℃·d，采暖期天数达到 226 d。西安属于寒冷 B 区，采暖度日数介于 2000℃·d（含）和 3800℃·d 之间。西北严寒与寒冷地区其他城市均有不同程度的供暖需求。

表 5-1 我国西部丝路沿线典型城市气候区划及采暖设计要求

建筑热工一级区划	建筑热工二级区划	典型城市	采暖度日数/(℃·d)	供暖设计原则及要求	建筑采暖、空调需求（依据设计原则）	采暖期天数/d
严寒地区	严寒 A 区 1A	刚察	6000≤HDD18			226
	严寒 B 区 1B	阿勒泰	5000≤HDD18<6000	满足保温要求，不考虑防热设计	有冬季采暖需求	174
	严寒 C 区 1C	酒泉、西宁、乌鲁木齐	3800≤HDD18<5000			152 161 149
寒冷地区	寒冷 A 区 2A	榆林、兰州	2000≤HDD18<3800	满足保温要求，兼顾自然通风及遮阳设计	有冬季采暖需求，夏季自然通风+遮阳设计	143 126
	寒冷 B 区 2B	西安				120

资料来源：《民用建筑热工设计规范》（GB 50176—2016）附表 A.0.1《全国主要城镇热工设计区属及建筑热工设计用室外气象参数》

2. 西部丝路沿线典型城市供热量及供热面积

集中供热是实现我国西部丝路沿线城市城镇化建设的重要环节，提升城市集中供热率是保障居民温暖过冬的关键。2020 年西北五省（自治区）集中供热量在北方集中供热地区的占比如图 5-9 所示。

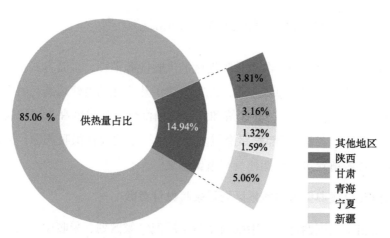

图5-9 2020年西北五省（自治区）集中供热量在全国集中供热地区的占比

资料来源：住房和城乡建设部发布的《2020年城乡建设统计年鉴》，5.2.2节余同

全国共计20个采用集中供热的省（自治区、直辖市），西北五省（自治区）占了1/4，但西北五省（自治区）供热量仅占全国集中供热地区的14.94%，低于集中供热地区的平均水平。这主要是因为西北地区地广人稀，热量需求小于全国平均水平。在西北五省（自治区）中新疆集中供热量占比最大，陕西次之，最小的为青海，仅占全国集中供热总量的1.32%，这与各自的供热面积（表5-2）相对应。

2011～2020年西北五省（自治区）集中供热面积如表5-2所示。从表中可见，西北五省（自治区）集中供热面积稳步上升，集中供热率显著提高，集中供热成为丝路沿线越来越多地区的冬季采暖方式。相较于2011年，截至2020年青海集中供热面积增幅高达3717.85%；陕西、甘肃、宁夏和新疆增幅分别为313.98%、129.13%、112.06%和83.24%。

表5-2 2011～2020年西北五省（自治区）集中供热面积 （单位：万 m²）

地区	2011年	2012年	2013年	2014年	2015年	2016年	2017年	2018年	2019年	2020年
陕西	10 069.34	12 307.78	15 963.00	19 824.59	24 030.34	27 918.95	39 578.60	35 226.83	38 614.04	41 685.20
甘肃	12 162.25	12 943.27	15 436.91	15 269.98	16 137.13	17 434.74	20 360.00	23 460.40	26 121.28	27 867.97
青海	269.90	304.20	450.90	455.96	461.46	462.36	7 844.60	7 923.90	8 014.55	10 304.37

地区	2011 年	2012 年	2013 年	2014 年	2015 年	2016 年	2017 年	2018 年	2019 年	2020 年
宁夏	6 848.62	7 373.31	8 236.40	8 757.37	9 979.05	11 010.79	12 978.00	14 682.78	13 952.25	14 523.11
新疆	21 063.80	21 844.02	23 452.42	25 204.92	30 728.06	36 050.08	37 754.60	39 478.00	36 060.14	38 597.54

图 5-10 展示了 2017～2020 年西北五省（自治区）住宅建筑和公共建筑集中供热面积。随着城镇化进程的推进，除新疆维吾尔自治区外，各地区建筑供热面积均稳步增长。相较于 2017 年，2020 年住宅供热面积增加 17%～45%，公共建筑供热面积增加 23%～103%。

为了探寻西北五省（自治区）冬季供暖用能的时间变化特征，特整理出西安、兰州、西宁、银川、乌鲁木齐这 5 个省会（首府）城市 2011～2020 年集中供热面积，如图 5-11 所示。从图中可以看出，各城市集中供热面积整体上呈上升趋势。截至 2020 年，西安、乌鲁木齐的集中供热面积相对较高，分别达到了 29 139 万 m² 与 18 478 万 m²，兰州、西宁、银川集中供热面积较小，均未超过 10 000 万 m²。

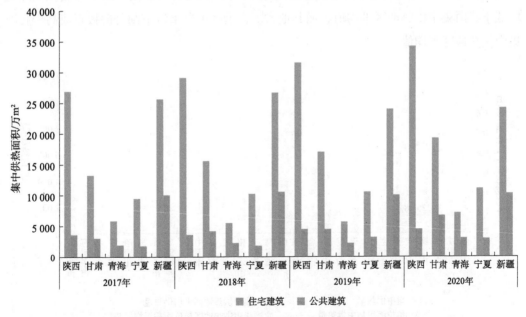

图 5-10　2017～2020 年西北五省（自治区）住宅建筑和公共建筑集中供热面积

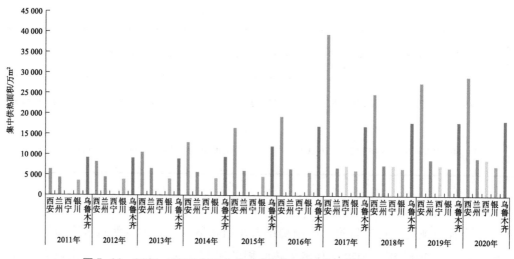

图 5-11　2011～2020 年 5 个省会（首府）城市集中供热面积变化趋势

2020 年西北五省（自治区）典型城市集中供热量以及单位面积供热量如图 5-12 所示。对于集中供热量，省会（首府）城市明显高于其他城市，其中西安市最高，达到了 10 299.07 GJ，乌鲁木齐市次之，为 7563.7 GJ，且二者均高于全国平均线，这主要与供热面积有关，供热面积越大，集中供热量越大。西安市和乌鲁木齐市供热面积分别居于第一、第二位，分别为 2913.9 万 m^2、1847.8 万 m^2。对于单位面积供热量，西北五省（自治区）典型城市整体偏高。其中，除西安市外，陕西省典型城市的单位面积供热量均低于我国集中供热地区平均值，而其他省（自治区）典型城市则普遍接近或高于我国集中供热地区平均值。

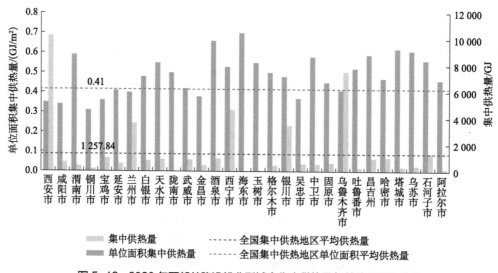

图 5-12　2020 年西部丝路沿线典型城市集中供热量与单位面积供热量

3. 沿线典型城市的供热能耗及能源使用

根据集中供热面积,结合不同规范标准中的供热能耗指标,计算得到不同级别能耗指标条件下的供热需求。不同规范的供热能耗指标见表 5-3,计算结果如图 5-13所示。

表 5-3　不同节能标准下的西部丝路沿线城镇供热能耗指标

省会 (首府)	规范	供热能耗 /[kW · h/(m² · a)]
兰州	《严寒和寒冷地区居住建筑节能设计标准》(JGJ 26—2018)	16.7
	《建筑节能与可再生能源利用通用规范》(GB 55015—2021)	22.78
	《甘肃省采暖居住建筑节能设计标准》(DB62/T 25—3033—2006)	14.6
	《近零能耗建筑技术标准》(GB/T 51350—2019)	15
西宁	《严寒和寒冷地区居住建筑节能设计标准》(JGJ 26—2018)	19.9
	《建筑节能与可再生能源利用通用规范》(GB 55015—2021)	38.33
	《青海省居住建筑节能设计标准—75% 节能》(DB63/T 1626—2020)	19.9
	《近零能耗建筑技术标准》(GB/T 51350—2019)	18
银川	《严寒和寒冷地区居住建筑节能设计标准》(JGJ 26—2018)	24.4
	《建筑节能与可再生能源利用通用规范》(GB 55015—2021)	22.78
	《居住建筑节能设计标准》(DB 64/521—2013)	15
	《近零能耗建筑技术标准》(GB/T 51350—2019)	15
乌鲁木齐	《严寒和寒冷地区居住建筑节能设计标准》(JGJ 26—2018)	28.4
	《建筑节能与可再生能源利用通用规范》(GB 55015—2021)	38.33
	《严寒和寒冷地区居住建筑节能设计标准实施细则》(XJJ 001—2011)	21.8
	《近零能耗建筑技术标准》(GB/T 51350—2019)	18
西安	《严寒和寒冷地区居住建筑节能设计标准》(JGJ 26—2018)	13.9
	《建筑节能与可再生能源利用通用规范》(GB 55015—2021)	18.61
	《居住建筑节能设计标准》(DBJ 61—65—2011)	13.6
	《近零能耗建筑技术标准》(GB/T 51350—2019)	15

在现行《严寒和寒冷地区居住建筑节能设计标准》（JGJ 26—2018）中的节能指标下，截至 2020 年，西北五省（自治区）省会（首府）城市按供热能耗大小排序为：乌鲁木齐＞西安＞银川＞西宁＞兰州。预计到 2025 年，乌鲁木齐和西安供热能耗将显著高于其他各市，各城市耗热量将分别约为乌鲁木齐 $5.23 \times 10^9\,\mathrm{kW \cdot h}$、西安 $4.98 \times 10^9\,\mathrm{kW \cdot h}$、银川 $1.85 \times 10^9\,\mathrm{kW \cdot h}$、西宁 $2.49 \times 10^9\,\mathrm{kW \cdot h}$、兰州 $1.30 \times 10^9\,\mathrm{kW \cdot h}$，结果如图 5-13（a）所示。

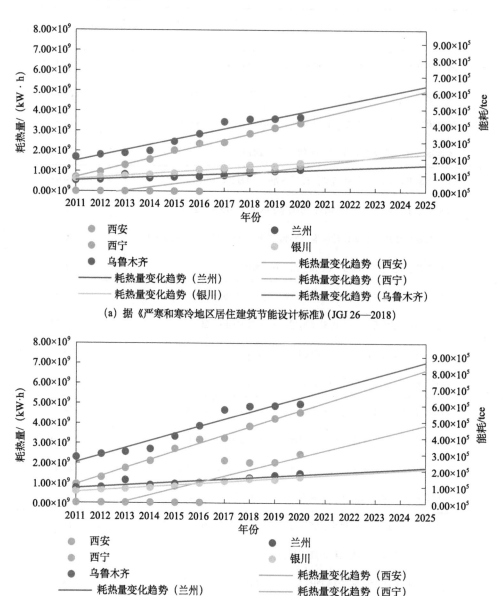

（a）据《严寒和寒冷地区居住建筑节能设计标准》(JGJ 26—2018)

（b）据《建筑节能与可再生能源利用通用规范》（GB 55015—2021）

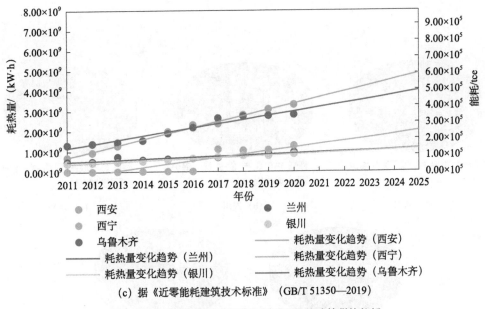

(c) 据《近零能耗建筑技术标准》（GB/T 51350—2019）

图 5-13　我国西部丝路沿线典型城市居住建筑供热能耗

根据《建筑节能与可再生能源利用通用规范》（GB 55015—2021）中的节能指标，预计 2025 年，各城市耗热量将分别约为：乌鲁木齐 $7.06 \times 10^9 \mathrm{kW \cdot h}$、西安 $6.67 \times 10^9 \mathrm{kW \cdot h}$、西宁 $3.91 \times 10^9 \mathrm{kW \cdot h}$、兰州 $1.78 \times 10^9 \mathrm{kW \cdot h}$、银川 $1.72 \times 10^9 \mathrm{kW \cdot h}$。

若将居住建筑按照《近零能耗建筑技术标准》（GB/T 51350—2019）进行近零能耗改造，预计到 2025 年，西安耗热量将达到 $4.84 \times 10^9 \mathrm{kW \cdot h}$，乌鲁木齐将达到 $3.13 \times 10^9 \mathrm{kW \cdot h}$，西宁将达到 $1.73 \times 10^9 \mathrm{kW \cdot h}$，兰州约为 $1.10 \times 10^9 \mathrm{kW \cdot h}$，银川约为 $1.06 \times 10^9 \mathrm{kW \cdot h}$。相比于现行《严寒和寒冷地区居住建筑节能设计标准》（JGJ 26—2018）中能耗指标计算结果，西安供热能耗可降低 2.81%，乌鲁木齐可降低 40.15%，西宁可降低 30.52%，兰州可降低 15.38%，银川可降低 42.70%。

图 5-14 表示了 2022 年各典型城市集中供热用能种类所占比例。从图中可以看出，各城市集中供热所用热源以热电联产与燃气锅炉为主。西安与西宁集中供热的热源形式种类较少，以热电联产与燃气锅炉为主。其中西安热电联产与燃气锅炉供热比例分别为 56.8% 与 43.2%，而西宁为 89.9% 与 10.1%。银川、兰州以及乌鲁木齐仍保留燃煤锅炉的集中供暖形式，其所占比例分别为 10.2%、6.8% 与 0.1%。在上述城市中，乌鲁木齐仍存在 3.4% 的电采暖形式，西宁市热电联产供热比例最高，达到了 89.9%。

根据计算的不同地区供热能耗，结合原煤、天然气及电力等能源热值，计算得到不同级别能耗指标条件下的能源消耗量。各能源热值见表 5-4，计算结果如图 5-15 至图 5-17 所示。

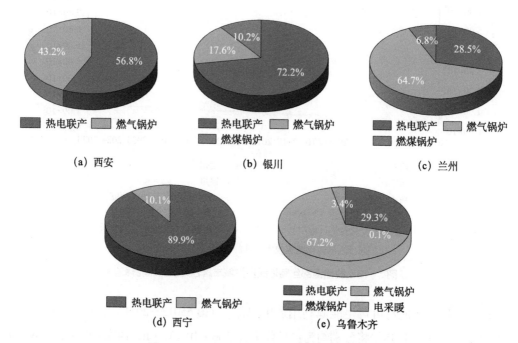

图 5-14　不同城市集中供热用能种类所占比例

资料来源：据课题组调研数据计算

表 5-4　各能源热值

热源种类	单位	单位发热量 /kJ	加热设备效率 /%	取值 /%
原煤	kg	20 934	60～75	70
天然气	m³（标况）	35 588	65～90	60
电力	kW·h	3 699	95～97	96

资料来源：刘艳峰和王登甲（2015）

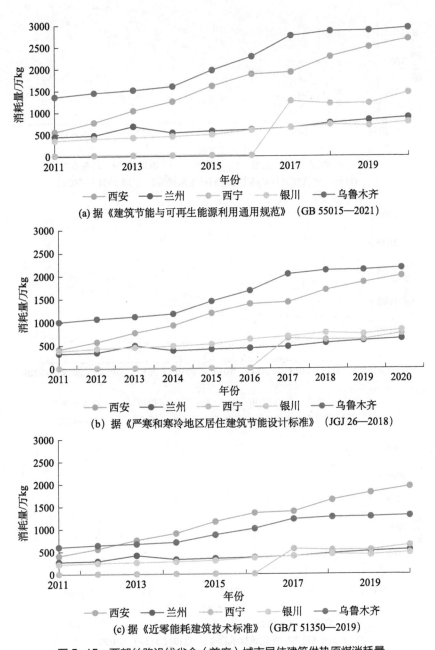

(a) 据《建筑节能与可再生能源利用通用规范》（GB 55015—2021）

(b) 据《严寒和寒冷地区居住建筑节能设计标准》（JGJ 26—2018）

(c) 据《近零能耗建筑技术标准》（GB/T 51350—2019）

图 5-15 西部丝路沿线省会（首府）城市居住建筑供热原煤消耗量

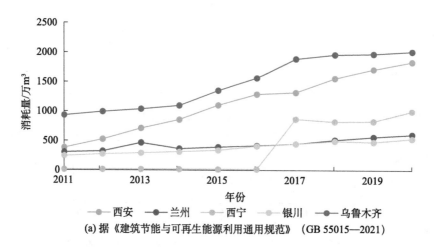

(a) 据《建筑节能与可再生能源利用通用规范》（GB 55015—2021）

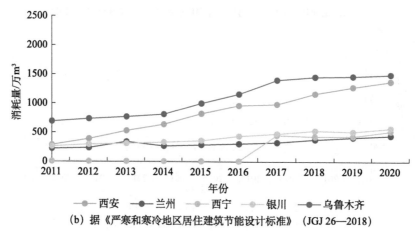

(b) 据《严寒和寒冷地区居住建筑节能设计标准》（JGJ 26—2018）

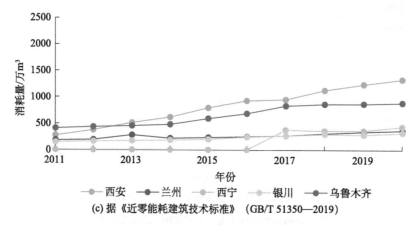

(c) 据《近零能耗建筑技术标准》（GB/T 51350—2019）

图 5-16　西部丝路沿线省会（首府）城市居住建筑供热天然气消耗量

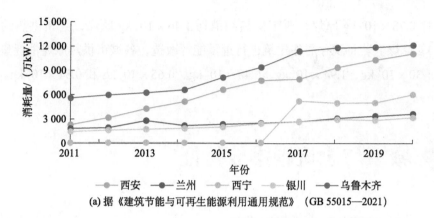

(a) 据《建筑节能与可再生能源利用通用规范》（GB 55015—2021）

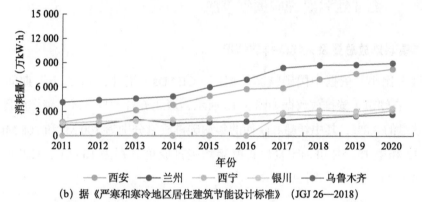

(b) 据《严寒和寒冷地区居住建筑节能设计标准》（JGJ 26—2018）

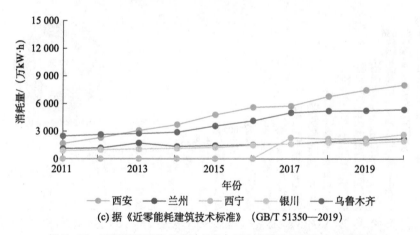

(c) 据《近零能耗建筑技术标准》（GB/T 51350—2019）

图 5-17　西部丝路沿线省会（首府）城市居住建筑供热电力消耗量

由图 5-15 至图 5-17 可以看出，在依据不同能耗指标计算所得的西部丝路沿线省会（首府）城市供热常规能源消耗量中，依据《建筑节能与可再生能源利用通用规范》（GB 55015—2021）指标计算所得能源消耗量最高。以原煤为例，2020 年，在各城市中，乌鲁木齐供热约消耗 2.94×10^7 kg 原煤，西安供热约消耗 2.68×10^7 kg 原煤，银川

供热约消耗 0.78×10^7 kg 原煤，西宁供热约消耗 1.46×10^7 kg 原煤，兰州供热约消耗 0.88×10^7 kg 原煤。若将现存居住建筑进行近零能耗改造，各城市供热原煤消耗量将分别降低为 1.30×10^7 kg、1.94×10^7 kg、0.48×10^7 kg、0.65×10^7 kg 和 0.54×10^7 kg。

5.3 城镇与建筑碳排放特征 ①

5.3.1 西部丝路沿线城镇碳排放

1. 城镇碳排放总量及人均碳排放情况

总量占比小。依据中国碳核算数据库（CEADs）统计，"十二五"期间全国各省（自治区、直辖市）碳排放数据如图 5-18 所示，西北五省（自治区）碳排放量仅占全国碳排放总量的 9.8%，其中新疆和陕西的年均碳排放量分别为 300 Mt 和 268 Mt，在全国排名第 13 和第 15，甘肃、宁夏、青海年均碳排放量分别为 165 Mt、128Mt 和 43 Mt，分别排名第 24、第 27 和第 29。

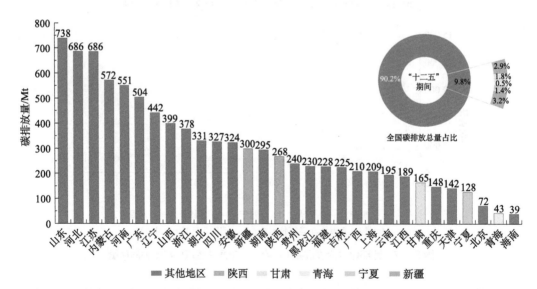

图 5-18　全国各省（自治区、直辖市）"十二五"期间碳排放量与西北五省（自治区）碳排放量占比
资料来源：中国碳核算数据库省级清单. www.ceads.net.cn/data/province/ ［2023-08-30］

---

① 5.3 节各省（自治区、直辖市）建筑碳排放数据均来源于建筑能耗与碳排放数据平台（www.cbeed.cn），该数据库缺失西藏自治区、澳门特区、香港特区，以及台湾省数据，特此说明。

人均碳排放量大。如图 5-19 所示，当前我国人均碳排放量约为 7 t，西北五省（自治区）的人均碳排放量除甘肃为 6.5 t 低于全国平均水平外，另外四省（自治区）的人均碳排放量均不低于全国平均水平。其中宁夏人均碳排放量达到 19.2 t，新疆人均碳排放量达到 13.1 t，分别位列全国人均碳排放量的第二和第三，远高于全国平均水平。

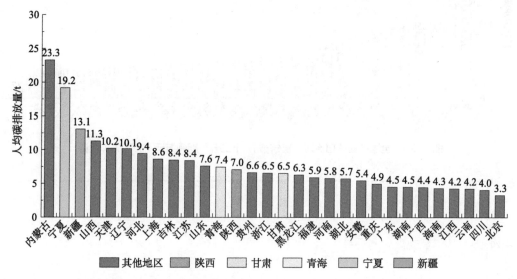

图 5-19　全国各省（自治区、直辖市）"十二五"期间人均碳排放分布

资料来源：计算人均值所采用的人口数据来源于《中国统计年鉴》（2011～2015 年）

万元 GDP 碳排放量高。万元 GDP 碳排放量指碳排放量与 GDP 的比值，是反映社会经济水平与碳排放量之间关系的重要指标。从统计结果来看，西北五省（自治区）的万元 GDP 碳排放量高。如图 5-20 所示，新疆万元 GDP 碳排放量达到 1003 t，位居全国第一，相比全国万元 GDP 碳排放量最低的北京市（37 t），相差约 26 倍；相比第二位的宁夏（512 t），也是近两倍的关系。青海的万元 GDP 碳排放量为 361 t，处于全国第三；甘肃万元 GDP 碳排放量为 286 t，陕西为 171 t，均处于全国中上游水准。

人均碳排放量增长迅速。从 2000～2017 年西北五省（自治区）人均碳排放量变化来看，其增长速度较快。全国人均碳排放量由 2.6 t 增长至 7.2 t，净增长 4.6 t。如图 5-21 所示，陕西由 2.1 t 增长至 8.5 t，净增长 6.4 t，由最初的低于全国平均线达到超过全国平均线 1.3 t；甘肃由 2.1 t 增长至 7.2 t，净增长 5.1 t，由低于全国平均线增长至与其持平；青海由 3.6 t 增长至 12.6 t，净增长 9.0 t；宁夏由 4.8 t 增长至 25.5 t，净增长 20.7 t，人均碳排放量增长了 4 倍，远超全国人均碳排放量；新疆由 3.2 t 增长至 20.5 t，净增长 17.3 t，人均碳排放量增长了 5 倍有余。

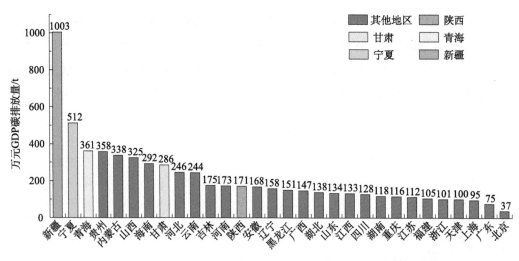

图 5-20　全国各省（自治区、直辖市）"十二五"期间万元 GDP 碳排放量

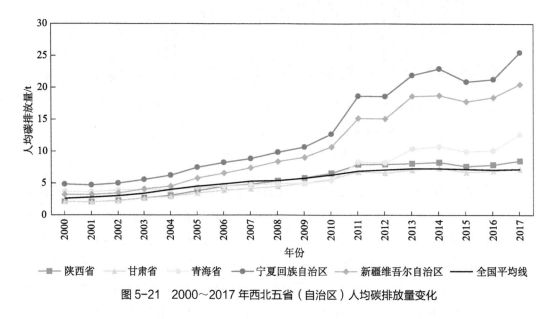

图 5-21　2000～2017 年西北五省（自治区）人均碳排放量变化

从整体上看，西北五省（自治区）从 2000 年到 2017 年人均碳排放量增量均超过全国增量，其中宁夏与新疆增长势头迅猛，远超全国平均水平；陕西人均碳排放量反超全国平均水平；青海人均碳排放量增长速度远超过全国平均水平；甘肃从低于全国人均碳排放量达到持平。人均碳排放量是反映碳排放强度的关键性指标，该结果表明西北五省（自治区）碳排放强度增长得比全国平均水平快。

2. 碳排放量地域分布

高碳排城镇集中。根据中国碳核算数据库（CEADs）县级尺度碳排放数据，绘制全国城镇碳排放量分布图，绘制结果如图 5-22 所示，我国城镇的碳排放量分布呈现东高西低、北高南低的趋势，且地区分布不均衡。其中北京市、天津市、上海市、内蒙古自治区、吉林省、辽宁省，以及山东省、江苏省、浙江省、广东省等地区部分城镇碳排放量较大。西部丝路沿线城镇的碳排放量相对较低，但陕西省北部、宁夏回族自治区北部以及新疆维吾尔自治区东部等部分城镇超过 10 Mt。

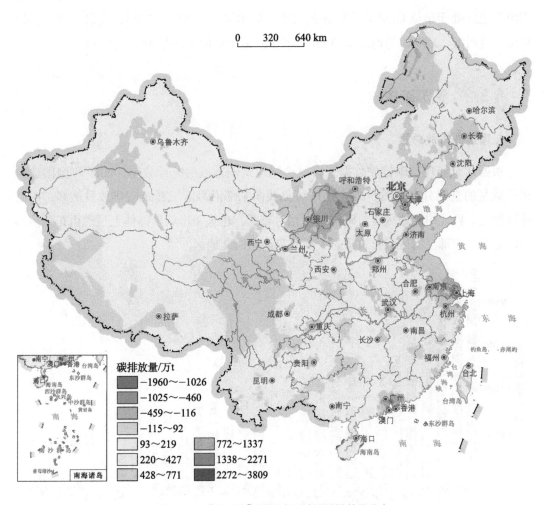

图 5-22 "十二五"期间全国城镇碳排放量分布

资料来源：Chen 等（2020）

碳排放强度分布不均。西部丝路沿线城镇人均碳排放量分布表明，"十二五"期间人均碳排放量较高区域主要分布在新疆东部，少量存在于陕北和宁夏北部。西北各市中，人均碳排放量最高的是新疆克拉玛依市，为 49.6 t，最低的是安康市，为 1.7 t，由此可见两地人均碳排放量相差甚大（相差约 28 倍），且分布不均。新疆人均碳排放量均超过全国平均值，在 7.7~49.6 t；关中及陕南人均碳排放量稍低于全国平均值，在 1.67~4.68 t。

从西部丝路沿线城镇单位 GDP 碳排放量分布看，新疆南部和甘肃兰州及附近小部分区域单位 GDP 碳排放量高，其中最高的新疆克拉玛依市单位 GDP 碳排放量达 1462.9 t，最低的新疆阿拉尔市为 82.1 t，相差 1380.8 t。西安市、铜川市、宝鸡市、咸阳市等地区处于单位 GDP 碳排放量相对较低的水平，在 82.1~255 t；乌鲁木齐市、银川市、兰州市、延安市等地区单位 GDP 碳排放量相对较高，在 440~1463 t。

5.3.2 建筑碳排放

1. 建筑碳排放总量

根据建筑能耗与碳排放数据平台对全国建筑碳排放的统计数据，2019 年全国建筑碳排放量的空间分布见图 5-23。由图可见我国东部沿海区域建筑碳排放量最高，中部地区次之，西北内陆地区建筑碳排放量相对较低。建筑碳排放量整体上呈现由东到西递减的趋势，东部沿海区域建筑碳排放量明显高于西北地区。

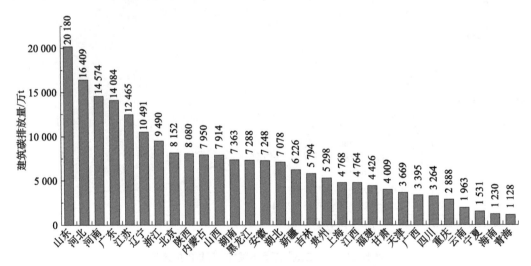

图 5-23　2019 年全国建筑碳排放量的空间分布

2019 年全国建筑碳排放总量为 2131.19 Mt，西北五省（自治区）建筑碳排放量占全国建筑碳排放量的 9.84%（图 5-24），其中陕西建筑碳排放量为 80.8 Mt，占比为 3.79%；新疆建筑碳排放量为 62.3 Mt，占比为 2.92%；甘肃建筑碳排放量为 40.1 Mt，占比为 1.88%；青海建筑碳排放量为 11.3 Mt，占比为 0.53%；宁夏建筑碳排放量 15.3 Mt，占比为 0.72%。

如图 5-24 所示,西北五省(自治区)公共建筑碳排放量占全国公共建筑碳排放量的 8.62%,城镇居建碳排放量占全国城镇居建碳排放量的 10.27%,农村居建碳排放量占全国农村居建碳排放量的 9.19%。西北五省(自治区)内三种类型建筑碳排放量占比都以陕西最多,陕西的公共建筑、城镇居建和农村居建碳排放量分别占全国的 3.26%、4.21%、3.08%;青海占比最小,其公共建筑、城镇居建和农村居建碳排放量分别占全国的 0.54%、0.54%、0.39%。

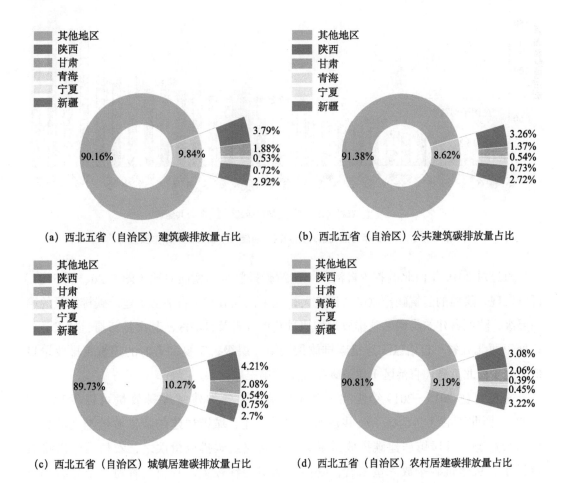

图 5-24 2019 年西北五省(自治区)各类建筑碳排放量占比

从 2019 年全国各省(自治区、直辖市)建筑碳排放量数据来看(图 5-25),山东位居全国第一,建筑碳排放量为 201.8 Mt;河北、河南分别位居第二、第三。综合全国来看,建筑碳排放量平均值为 71.0 Mt,我国约有一半的省(自治区、直辖市)低于平均值。浙江、辽宁、江苏、广东、河南、河北、山东明显高于平均值，其中山东以及河北的建筑碳排放量甚至是平均值的两倍。各省（自治区、直辖市）建筑碳排放量相差较大，青海建筑碳排放量仅占山东的5.59%。西北五省（自治区）中陕西高出平均值，其余四省（自治区）均低于平均值。

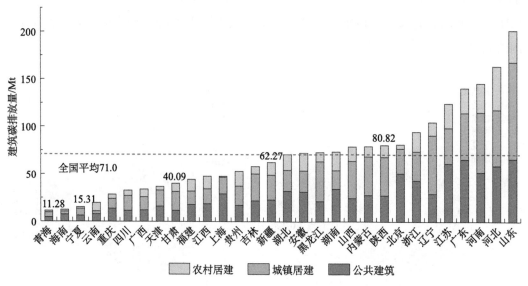

图5-25　2019年全国各省（自治区、直辖市）各类建筑碳排放分布

通过对2019年西北五省（自治区）建筑碳排放量的横向对比（图5-26、图5-27）可以发现，陕西的建筑碳排放量占比最大，处于西北五省（自治区）建筑碳排放量的第一层级，陕西各建筑类型的碳排放量均超过其他各省及自治区；其次是新疆、甘肃，二者处于西北五省（自治区）建筑碳排放量的第二层级；宁夏和青海的建筑碳排放量最低，处于西北五省（自治区）建筑碳排放量的第三层级。

通过对比2015～2019年西北五省（自治区）各类建筑碳排放量可以发现（图5-27），西北五省（自治区）公共建筑、农村居建、城镇居建的碳排放量绝大部分呈现增长趋势，且城镇居建碳排放量最大，公共建筑碳排放量次之，农村居建碳排放量最小。从建筑碳排放总量来看，陕西、新疆增幅较大，甘肃、青海、宁夏有小幅上升。

由图5-27可知，2015～2019年，西北五省（自治区）城镇居建碳排放量最高的是陕西，最低的是青海；西北五省（自治区）农村居建碳排放量最高的是新疆，最低的是宁夏；西北五省（自治区）公共建筑碳排放量最高的是陕西，最低的是青海。

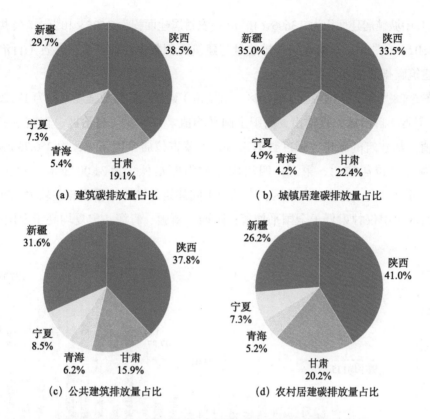

(a) 建筑碳排放量占比   (b) 城镇居建碳排放量占比

(c) 公共建筑排放量占比   (d) 农村居建碳排放量占比

图 5-26 2019 年西北五省（自治区）各类建筑碳排放量占比

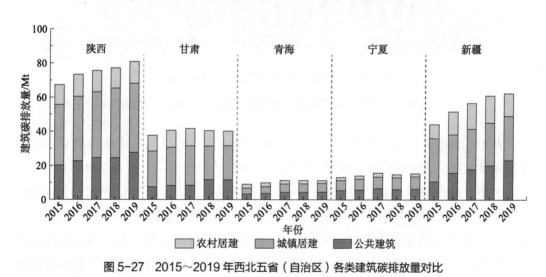

图 5-27 2015～2019 年西北五省（自治区）各类建筑碳排放量对比

2. 建筑碳排放强度

根据建筑能耗与碳排放数据平台的统计数据，2019 年全国建筑面积为 $7.2648 \times$

$10^{10}\,\mathrm{m}^2$，其中城镇居建面积为 $3.3696 \times 10^{10}\,\mathrm{m}^2$；农村居建面积为 $2.535 \times 10^{10}\,\mathrm{m}^2$；公共建筑面积为 $1.3602 \times 10^{10}\,\mathrm{m}^2$。根据建筑碳排放量与建筑面积数据，计算全国各省（自治区、直辖市）建筑碳排放强度，见图 5-28。

如图 5-28 所示，全国各省（自治区、直辖市）建筑的碳排放强度平均为 $135.25\,\mathrm{kg/m}^2$，其中 13 个省（自治区、直辖市）高于全国平均值，17 个省（自治区、直辖市）低于全国平均值。从建筑的碳排放强度数据来看，内蒙古位居全国第一，为 $250.73\,\mathrm{kg/m}^2$，河北、青海分别位居第二、第三；四川碳排放强度最低，为 $31.00\,\mathrm{kg/m}^2$，仅占青海的 12.36%。可以看出，各省（自治区、直辖市）间建筑的碳排放强度相差较大。在西北五省（自治区）中仅甘肃低于全国平均值；陕西、新疆、青海、宁夏均高于全国平均值。

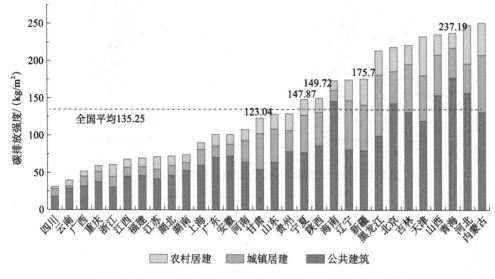

图 5-28　2019 年全国各省（自治区、直辖市）建筑碳排放强度

表 5-5 描述了 2015～2019 年，西北五省（自治区）的城镇居建碳排放量、人均建筑碳排放量、农村居建碳排放量三种排序情况。从表中可以看出，在西北五省（自治区）中，陕西城镇居建碳排放量最高，青海最低，两者整体均呈增长趋势。2019年，陕西城镇居建碳排放量为 40.528 Mt，青海城镇居建碳排放量为 5.147 Mt。2016～2019 年，新疆人均建筑碳排放量最高，甘肃人均建筑碳排放量最低，两者整体均呈增长趋势。2019 年，新疆人均建筑碳排放量为 2467.827 kg，甘肃人均建筑碳排放量为 1514.409 kg。2015 年陕西农村居建碳排放量达到 11.629 Mt，在 2016 年，新疆超过陕西和甘肃，跃居西北五省（自治区）第一位，2019 年，新疆农村居建碳排放量达到 13.275 Mt。

表 5-5 2015～2019 年西北五省（自治区）城镇居建碳排放量、人均建筑碳排放量
及农村居建碳排放量排序情况

年份	排序	城镇居建碳排放量 /Mt		人均建筑碳排放量 /kg		农村居建碳排放量 /Mt	
	1	陕西	40.528	新疆	2467.827	新疆	13.275
	2	新疆	25.968	宁夏	2203.094	陕西	12.706
2019	3	甘肃	20.006	陕西	2084.690	甘肃	8.479
	4	宁夏	7.262	青海	1855.033	宁夏	1.836
	5	青海	5.147	甘肃	1514.409	青海	1.600
	1	陕西	40.748	新疆	2448.388	新疆	15.817
	2	新疆	24.981	宁夏	2142.762	陕西	11.792
2018	3	甘肃	19.567	陕西	1993.766	甘肃	8.919
	4	宁夏	6.896	青海	1882.023	青海	1.959
	5	青海	5.014	甘肃	1529.697	宁夏	1.819
	1	陕西	38.551	新疆	2313.002	新疆	15.037
	2	新疆	23.672	宁夏	2290.103	陕西	12.466
2017	3	甘肃	23.050	陕西	1970.735	甘肃	10.128
	4	宁夏	6.707	青海	1905.401	宁夏	2.295
	5	青海	4.846	甘肃	1584.117	青海	2.144
	1	陕西	37.693	新疆	2154.078	新疆	13.398
	2	新疆	22.586	宁夏	2065.289	陕西	12.926
2016	3	甘肃	22.408	陕西	1922.599	甘肃	9.919
	4	宁夏	6.306	青海	1681.062	青海	2.269
	5	青海	3.899	甘肃	1554.295	宁夏	1.856
	1	陕西	35.467	宁夏	1969.290	陕西	11.629
	2	新疆	25.294	新疆	1868.705	甘肃	9.146
2015	3	甘肃	20.932	陕西	1775.357	新疆	8.148
	4	宁夏	5.853	青海	1543.480	青海	2.180
	5	青海	3.580	甘肃	1444.458	宁夏	1.869

3. 建筑碳排放强度发展趋势

2010～2019 年西北五省（自治区）各类建筑碳排放强度发展情况见图 5-29，全国各类建筑碳排放强度呈现多样化特点。

如图 5-29 所示，西北五省（自治区）城镇居建碳排放强度较大，且建筑碳排放强度高于国家平均线，但整体呈现下降趋势。西北五省（自治区）公共建筑碳排放强度差

异较大，整体略呈上升趋势。西北五省（自治区）农村居建碳排放强度较为稳定（除新疆外）。

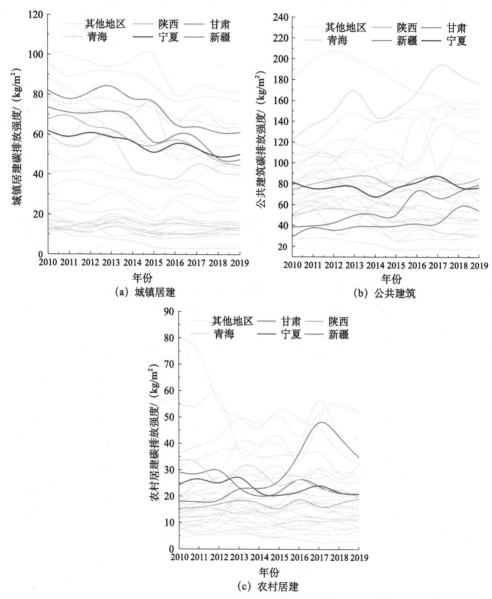

图 5-29　2010～2019 年西北五省（自治区）各类建筑碳排放强度发展情况

　　西北五省（自治区）中，新疆城镇居建碳排放强度最高（图 5-29），但由 2010 年的 82.12 kg/m² 下降至 2019 年的 61.22 kg/m²；青海公共建筑碳排放强度最高，且由 2010 年的 122.49 kg/m² 上升至 2019 年的 177.24 kg/m²；甘肃和青海农村居建碳排放强度呈现下降趋势，新疆呈现先上升后下降的趋势，陕西比较平缓，保持在 20 kg/m² 左右。

5.4 小结

　　西北五省（自治区）在国家"双碳"目标引领下已经出台一系列的相关地方政策，节能减碳目标逐步提升，部分地区相关目标及要求高于国家标准，有望成为国家节能减排的前沿阵地。从城镇碳排放总量上看，总体碳排放量不高但碳排放强度较高，具体表现为人均碳排放量和单位 GDP 碳排放量高，且高碳排城镇在空间分布上呈现区域性集中。从建筑碳排放量上看，建筑碳排放量与总碳排放量具有相似特点，即总量在全国处于中低水平，但强度处于中高水平，从 2010~2019 年的变化上看到城镇居建碳排放强度已初步下降，公共建筑与农村居建节能减碳工作有待进一步加强。从建筑运行能耗上看，仍然呈现总量低、强度高的特点。供热作为北方城镇建筑能耗的重要一环，占据城镇建筑约 1/4 的能耗，西北五省（自治区）随着经济的快速发展，建筑供热面积也在快速地增加，供热用能结构的转化对西北五省（自治区）节能减排有着重大意义。

第6章

西部丝路沿线城镇文化与公共服务设施特征

本章对西部丝路沿线城镇文化、绿地、公共服务设施三个方面的现状进行了归纳分析。从文化发展概况、文地率[①]、文化资源富集度、文化场所参与度等指标出发，量化对比了我国西部丝路沿线各主要城镇的城镇文化发展水平。选取绿地面积、公园绿地面积、公园个数、公园面积和建成区绿化覆盖率等绿化指标，对西北五省（自治区）及其重点城市的绿化水平进行了对比分析。以教育设施、医疗设施、文体设施、养老设施、优质公共服务设施 5 个一级指标、17 个二级指标构建了公共服务设施服务水平评价指标体系，并用熵权法对西北五省（自治区）及 51 个地级行政区公共服务设施服务水平进行了综合指标评价，总结了不同尺度下公共服务设施服务水平差异特征。

6.1 城镇文化发展

6.1.1 沿线城镇文化资源概况

陆上丝绸之路起源于西汉时期，由张骞出使西域开辟了这条通向中亚、西亚，并连接地中海各国的陆上通道。古丝绸之路西北段途经陕西、宁夏、甘肃、新疆和青海五省（自治区），孕育和促进了大量城镇的形成和发展，西北五省（自治区）中的西安、银川、兰州、乌鲁木齐、喀什等重要城镇皆受益于这条古路的发展。古丝绸之路沿线城镇形成了丰富的历史文化资源，但其分布不均衡，主要集中于陕西、宁夏和甘肃三省（自治区）。

丝绸之路沿线城镇文化资源丰富，类型多样，有莫高窟、秦始皇陵及兵马俑坑、丝绸之路、长城等 4 处世界文化遗产，交河故城、高昌古城、玉门关遗址、大雁塔、小雁塔等 18 处丝绸之路文化遗产，库车市热斯坦、伊宁市前进街 2 处历史文化街区，西安市、延安市等 17 处中国历史文化名城等，另有近两百项非遗项目被选入国家级非物质文化遗产代表性项目名录。

作为连接亚欧大陆的桥梁，丝绸之路促进了地域和民族之间文化的交流与传播，沿线文化多元，呈现出以下 3 个特点。

---

① 文地率指城市核心文化用地总面积占城市建成区总用地面积的比例（王树声，2018）。

（1）多民族：丝绸之路沿线民族多元，有藏族、维吾尔族、塔吉克族、柯尔克孜族、哈萨克族、塔塔尔族、蒙古族、回族、纳西族、撒拉族等多个少数民族。

（2）多文化：丝绸之路经过了黄河流域、河西走廊、青藏高原和沙漠绿洲等多个生态地理区域，地域文化类型多样，有关中文化、河湟羌藏文化、荒漠绿洲文化等。

（3）多宗教：丝绸之路的发展为宗教的传播开拓了路径，丝绸之路沿线分布有伊斯兰教、佛教、基督教等多个宗教，形成了多教并存的格局。

6.1.2 沿线城镇文地率与文化空间构成

随着城镇规模高速扩张，新建文化空间的数量、面积和类型与当前的社会发展存在脱节现象，老城区原有的文化空间服务辐射范围有限，沿线城镇多存在老城区文化空间富集、新城区文化空间相对匮乏现象。本章结合文地率相关概念理论，通过文地率和文地结构衡量城镇文化环境水平，评判城镇文化用地和文化空间配置标准。

选取沿线 12 个典型城镇主城区的文地率进行统计分析（表 6-1），发现沿线城镇整体文地率较低，老城区内文地率明显高于新城区。以现有留存古城格局良好的西安、喀什为例，其老城区文地率分别为 7.84%、1.57%，明显分别高于新城区的 2.52%、0.08%，但与我国东部城镇相比，文地率依旧偏低；而宝鸡、兰州、天水、乌鲁木齐等仅保留老城区轮廓和城镇格局，老城区文地率也高于新城区，反映出新城区文化空间建设规模不足；而西宁等历史格局保留较少，无明显新老城镇之分，文地率仅为 0.34%。从城镇分布上看整体文地率变化，沿线东部城镇西安为 2.95%、中部城镇固原为 1.09%、西部城镇乌鲁木齐为 0.30%，沿线各省城镇文地率东部高于西部，呈现沿丝路从东到西递减的趋势。

表6-1 沿线典型城镇主城区文地率统计表 （%）

城镇	西安	宝鸡	汉中	安康	兰州	天水	张掖	银川	固原	西宁	喀什	乌鲁木齐
新城区	2.52	0.14	0.15	0.09	0.04	0.11	0.10	0.29	1.09	0.34	0.08	0.30
老城区	7.84	0.26	1.97	0.96	0.43	2.09	1.31	1.26	—	—	1.57	0.37
整体	2.95	0.14	0.27	0.09	0.04	0.11	0.10	0.29	1.09	0.34	0.08	0.30

注：本表由作者根据各城市资料自行统计得出

基于现有样本城镇数据分析，发现沿线 12 个城镇核心五类文化用地以文化设施用地、宗教用地和纪念用地为主（图 6-1），均缺少具有高度文化意义、能够唤起人民高

度社会心理认同感和归属感的精神标识类文化空间。

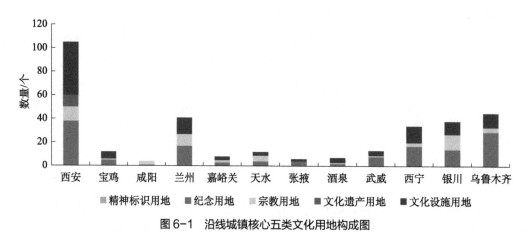

图 6-1　沿线城镇核心五类文化用地构成图

资料来源：本图由作者依据各城市用地分类整理

6.1.3　沿线城镇文化空间分布形式与格局

1. 城镇文化空间核心集聚

沿线城镇文化资源禀赋较高，城市文化空间分布集聚性强，主要为"高强度向心集聚型""中心集聚＋外围扩展型"等分布形式。

"高强度向心集聚型"城镇规模一般较小，城镇文化空间分布集聚性和功能复合性较强，易形成城镇的标志性名片，如酒泉市、乌鲁木齐市、银川市、吐鲁番市，城镇文化空间大体分布于其老城区，在老城区内形成文化空间热点区（图 6-2 至图 6-4），集聚多种文化用地，而城镇新建用地中缺少对城镇文化资源的挖掘和传承，忽视了文化空间的建设，导致城镇新城区文化空间的稀缺。

"中心集聚＋外围扩展型"城镇文化空间传承延续性较强，中心集聚形成文化空间核心区，其文化空间分布形式是由"高强度向心集聚型"文化空间分布形式发展而来的，此类城市有西安市、西宁市、兰州市（图 6-5 至图 6-7），此类城镇重视文化空间的新旧格局延续，在古城区形成文化热点区，同时随着城镇化进程的发展，城镇文化空间沿城镇发展方向向外扩展衍生，体现出了城镇文化传承的延续性，形成了城镇的历史文脉。例如，西安市文化空间布局基本上沿城镇重要的历史发展轴线展开，新建文化空间用地沿轴线建设，与旧城的发展轴线产生关联，如在西安市历史轴线"长安龙脉"上，轴线南端的"陕西自然博物馆"以地景建筑方式，完美地处理了新旧文化的空间关系（图 6-8）。

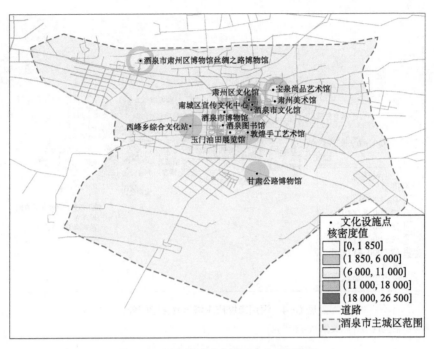

图 6-2　酒泉市城市主城区文化空间分布

资料来源：依据网络开源数据兴趣点（point of interest，POI）绘制

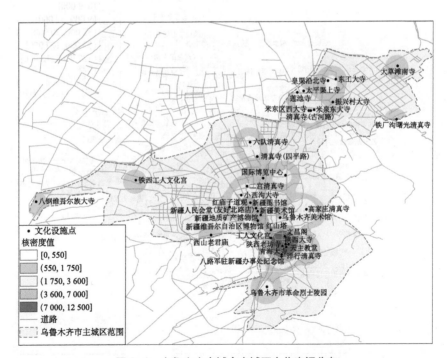

图 6-3　乌鲁木齐市城市主城区文化空间分布

资料来源：依据网络开源数据 POI 绘制

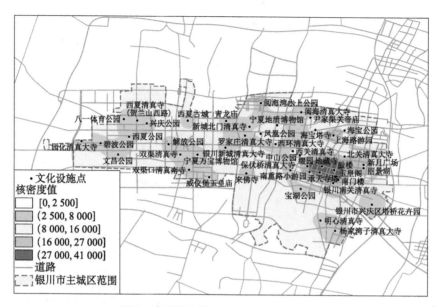

图 6-4　银川市城市主城区文化空间分布

资料来源：依据网络开源数据 POI 绘制

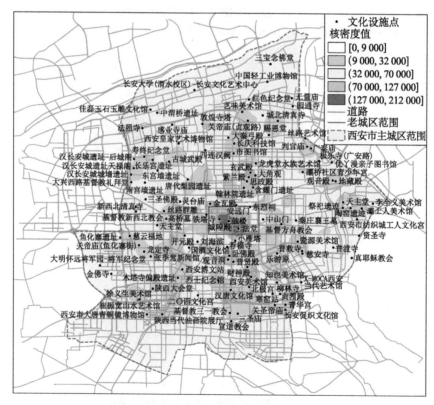

图 6-5　西安市城市主城区文化空间分布

资料来源：依据网络开源数据 POI 绘制

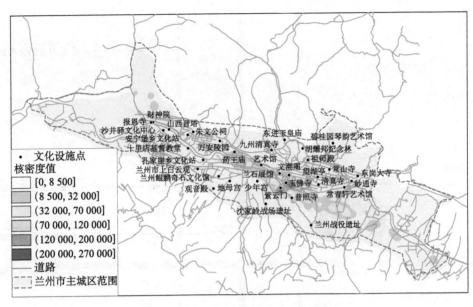

图 6-6　兰州市城市主城区文化空间分布

资料来源：依据网络开源数据 POI 绘制

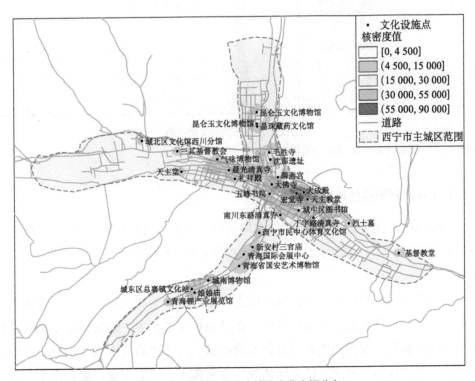

图 6-7　西宁市城市主城区文化空间分布

资料来源：依据网络开源数据 POI 绘制

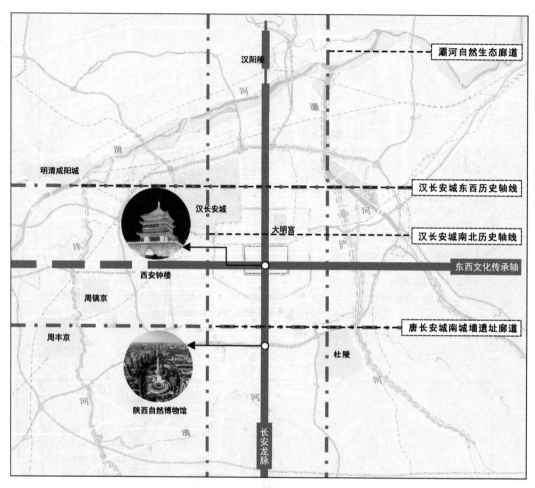

图 6-8　西安市新旧文化空间

资料来源：依据西安市新旧文化空间整理绘制

2. 文化空间新旧格局延续

沿线城镇自古就注重城镇文化空间与周边自然山水之间的关系，以文化空间为关键节点，串联山水，形成城镇山水人文格局。在新旧格局延续传承中，沿线城镇呈现出两种趋势。

一是城镇新旧格局延续较佳，城市历史格局得到继承和发展。以丝绸之路起点城市西安市为例，历代城镇重视格局延续，在城镇扩张过程中，强化城镇中轴线统领下的文化空间新格局，在格局中布局有自然博物馆、市民中心等现代文化空间，形成新旧协同的人文空间布局模式。结合城镇现代发展需求，新旧交融，融合西北广域山水风景资源，传承城镇格局营建智慧，探索适应西北地区城镇建设的山水人文空间格局模式。

二是随着城镇扩展，城镇原有格局遭到破坏，逐渐消隐。历史发展过程中，西部丝路沿线城镇规模普遍不大，但随着城镇化的快速推进，城镇规模扩张到原有城镇的几十倍甚至百倍，原有的历史格局就显得十分渺小，在城镇发展中若忽视其价值，较易造成城镇的空间格局与历史格局分离甚至破坏的现象。例如，乌鲁木齐市古城山水人文格局没有得到继承和发展，城镇随着交通轴线无序延展，城镇文化空间缺乏组织，人文历史格局逐渐走向无序。

3. 文化资源富集度评价

"文化资源富集度"反映城镇文化资源数量以及城镇文化资源挖掘保护的程度，是城镇文化在城镇物质空间中的传承厚度的体现，其计算方式如表6-2所示。

表6-2　文化资源富集度计算公式

文化资源数量 / 个	分值范围 / 分	分值计算
x_{max}= 最大值	100	100
最小值$<x<$最大值	（60,100）	$\dfrac{x-x_{min}}{x_{max}-x_{min}}=\dfrac{Y-60}{100-60}$
x_{mix}= 最小值	60	60

注：表格中，x为试算城镇文化资源的数量，Y为试算城镇的文化资源富集度评分值

测算表明：西北五省（自治区）中，陕西省文化资源富集度普遍较高（图6-9），80.00%的城镇（市级）文化资源富集度在70分以上，西安市、渭南市等6个城镇的文化资源富集度在80分以上；其次是甘肃省，包括兰州市、酒泉市等在内的71.43%的城镇（市级）文化资源富集度在70分以上；青海省包括西宁市、海东市在内的33.33%的城镇文化资源富集度在70分以上；宁夏回族自治区全市文化资源富集度在64～68分；新疆维吾尔自治区则只有3.57%的城镇（市级）评分在70分以上。数据表明：陕西省和甘肃省文化资源丰富，在文化资源的保护与发掘方面成果较为突出。青海省、新疆维吾尔自治区以及宁夏回族自治区虽然文化资源较为丰富，但在文化资源保护与发掘方面还有较大的发展空间。

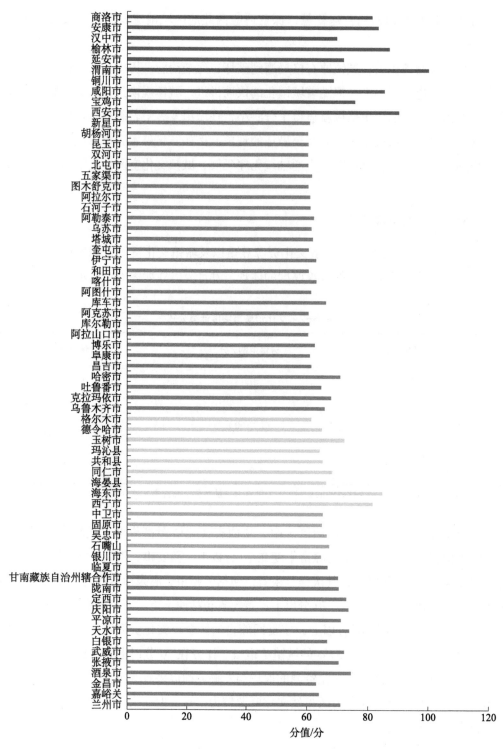

图 6-9　西部丝路沿线城镇文化资源富集度对比

资料来源：依据网络开源数据计算

6.1.4　沿线城镇文化场所服务效能

依托文化资源和地域特色所形成的文化场所是西部丝路沿线城镇文化记忆与文脉传承的重要空间载体，也是城镇推行文化保护传承的重要内容。文化场所主要包含博物馆、图书馆、艺术馆、文化馆、纪念馆、公共体育场等文化设施，因此本小节基于西部丝路沿线城镇文化设施进行场所参与度以及空间可达性分析，从而发现其在空间分布、社会服务等方面发挥的效能，为市民提供更多的文化场景参与途径。

1. 文化场所参与度

以我国西部丝路沿线的 70 个市县为对象，通过城镇统计年鉴、城镇 POI 等渠道获取其博物馆、图书馆、艺术馆、文化馆、纪念馆、公共体育场等数量。根据博物馆等文化设施的总数量，将其划分为三个级别，文化设施总量不小于 100 个，则赋值为 100 分；文化设施总量不大于 10 个，则赋值为 60 分；文化设施总量介于二者之间，则套用 $(m{-}10)/(164{-}10)=(N{-}60)/(100{-}60)$ 公式进行赋分。

通过测算发现，西北五省（自治区）中陕西省内城镇文化场所参与度总体得分最高，文化设施建设状况最佳，平均得分为 73 分，70 分以上城镇数量占 60.00%，其中西安市（100 分）、咸阳市（77.14 分）、宝鸡市（75.06 分）得分较为靠前。甘肃省和宁夏回族自治区整体发展较为均衡，甘肃省平均得分为 67 分，其中以酒泉市（78.44 分）、兰州市（73.77 分）最佳，其余各城镇场所参与度分值均在 66 分左右；宁夏回族自治区各城镇得分在 63 分左右。青海省和新疆维吾尔自治区文化设施建设情况整体欠佳，其平均得分分别为 65 分和 61 分，其中青海省除西宁市（100 分）外，其余城镇得分在 61 分左右；新疆维吾尔自治区则除乌鲁木齐市（75.32 分）外，其余城镇得分在 59 分左右。

2. 文化场所可达性

文化场所可达性是分析居民步行或者借助交通工具到达并使用文化设施的难易程度的指标，往往受出行时间、出行费用、目的地区位等因素影响。选取我国西部丝路沿线的西安市、乌鲁木齐市、敦煌市、武威市等多个城镇为分析对象，通过网络爬取城镇 POI、城镇道路网矢量数据等资料，并借用 ArcGIS 工具进行网络分析，从而得出我国西部丝路沿线代表城镇文化场所的分布状态、使用便利程度等。

通过分析发现，西安市、乌鲁木齐市等省会（首府）城镇，文化设施服务覆盖面积广、城镇文化设施类型多样，城镇主城区基本实现 15 min 机动车可达，且 5 min 可达范围占比较高。武威市、敦煌市、伊宁市等非省会（首府）城镇，文化设施类型单一，因城镇规模较小，主城区基本可实现 15 min 机动车可达，但 5 min 可达范围占比较低。例如，伊宁市市内文化设施数量较少，分布较为分散，且文化设施类型较为单一，缺乏地域特色，空间文化场所可达性结果呈稀薄的"网"状等。

总体而言，样本城镇文化设施主要分布在主城区，文化设施多为文化馆、博物馆、美术馆等基本类型。省会（首府）城镇文化设施可达性较高但文化设施发展相较城镇化速度较为滞后；非省会（首府）城镇基本实现 15 min 机动车可达，但 5 min 机动车可达性较弱，且文化设施类型较为单一，数量较少，文化设施缺乏与文化资源、地域特色的结合。

6.2 绿地概况与特征

本节选取建成区绿地率、建成区绿化覆盖率、人均公园绿地面积、公园个数等绿地指标，对西北五省（自治区）及重点城市 2016～2020 年的公园绿地现状条件进行对比分析，提出了加快发展西部地区城镇绿地建设的必要性。

6.2.1 西北五省（自治区）绿地概况

1. 整体概况

2020 年西北五省（自治区）城镇绿地数据统计结果见表 6-3。从表 6-3 来看，新疆维吾尔自治区和青海省整体绿地水平较为均衡；宁夏回族自治区建成区绿地率和人均公园绿地面积、新疆维吾尔自治区建成区绿地率、甘肃省人均公园绿地面积均超过了全国平均水平；陕西省公园个数最多，但人均公园绿地面积低于全国平均水平。

表 6-3　2020 年西北五省（自治区）城镇绿地数据统计表

省（自治区）	建成区绿地率 /%	建成区绿化覆盖率 /%	人均公园绿地面积 /m²	公园个数 / 个
陕西省	37.09	39.23	12.79	366
甘肃省	32.48	36.28	15.15	203
宁夏回族自治区	39.65	42.00	21.01	112
新疆维吾尔自治区	42.62	40.90	13.19	349

省（自治区）	建成区绿地率 /%	建成区绿化覆盖率 /%	人均公园绿地面积 /m²	公园个数 / 个
青海省	33.71	35.90	12.45	64
全国平均水平	38.24	42.10	14.78	—

资料来源：《中国统计年鉴 2021》、智研咨询（2021）

注：①建成区绿地率 =（建成区内各类城市绿地面积之和 / 建成区面积）×100%；②建成区绿化覆盖率 =（建成区内所有植被的垂直投影面积 / 建成区面积）×100%；③人均公园绿地面积 = 建成区公园绿地面积 / 城市人口数量。公园绿地包括城市综合公园、社区公园、专类公园、带状公园、街旁小游园等

建成区绿地率（图 6-10）：新疆维吾尔自治区最高，为 42.62%，宁夏回族自治区紧跟其后，之后排名为陕西省＞青海省＞甘肃省，甘肃省仅为 32.48%，西北五省（自治区）建成区绿地率均在 30% 以上。

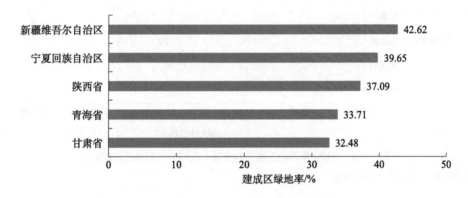

图 6-10 2020 年西北五省（自治区）建成区绿地率统计图

资料来源：《中国统计年鉴 2021》

建成区绿化覆盖率（图 6-11）：宁夏回族自治区最高，为 42.00%，新疆维吾尔自治区紧跟其后，之后排名为陕西省＞甘肃省＞青海省，青海省为 35.90%，西北五省（自治区）建成区绿化覆盖率都在 35% 以上。宁夏回族自治区因地形地貌复杂，导致城镇规模较小，虽然行政范围内绿化较少，但建成区绿化覆盖率最高。

人均公园绿地面积（图 6-12）：宁夏回族自治区最高，为 21.01 m²，甘肃省为 15.15 m²，紧跟其后，之后排名为新疆维吾尔自治区＞陕西省＞青海省。青海省最低，为 12.45 m²，陕西省仅比青海省多 0.34 m²，新疆维吾尔自治区仅比陕西省多 0.4 m²，三者差距较小。

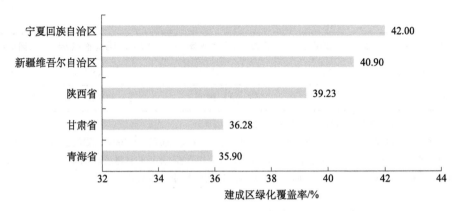

图 6-11　2020 年西北五省（自治区）建成区绿化覆盖率统计图

资料来源：《中国统计年鉴 2021》

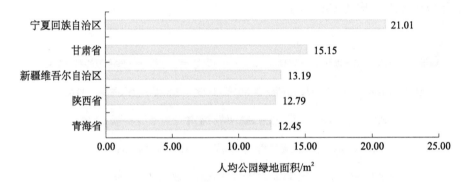

图 6-12　2020 年西北五省（自治区）人均公园绿地面积统计图

资料来源：《中国统计年鉴 2021》

公园个数（图 6-13）：陕西省最多，共 366 个，新疆维吾尔自治区紧跟其后，为 349 个，之后排序为甘肃省＞宁夏回族自治区＞青海省，青海省最少，为 64 个。

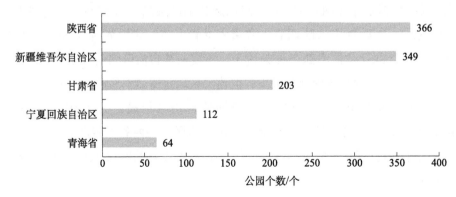

图 6-13　2020 年西北五省（自治区）公园个数统计图

资料来源：《中国统计年鉴 2021》

2. 西部丝路沿线城镇绿地水平与全国平均水平对比

建成区绿化覆盖率（图 6-14）：北京建成区绿化覆盖率高达 49%，位居全国第一；排第十位的是浙江省，为 42.2%，全国平均水平为 42.1%。西北五省（自治区）最高的为宁夏，仅为 42%，最低的为青海省，为 35.9%，均未达到全国平均水平。

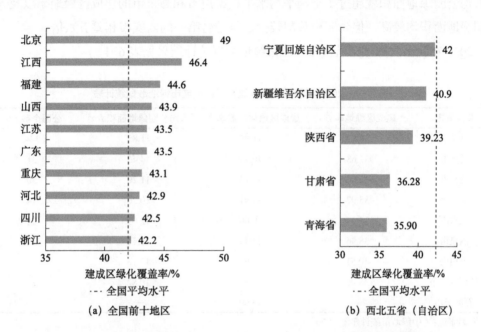

(a) 全国前十地区　　　　　(b) 西北五省（自治区）

图 6-14　2020 年全国前十地区及西北五省（自治区）建成区绿化覆盖率对比图

资料来源：《中国统计年鉴 2021》

人均公园绿地面积：宁夏回族自治区人均公园绿地面积为 21.01 m²，位居全国第一，排第十位的是甘肃省，为 15.15 m²，全国人均公园绿地面积为 14.78 m²。西北五省（自治区）排名第一的为宁夏回族自治区，排名第二的为甘肃省，之后排序为新疆维吾尔自治区＞陕西省＞青海省，青海省最低，为 12.45 m²。除宁夏回族自治区和甘肃省外，其余三省均未达到全国平均水平。

公园个数：全国公园个数最多的省（自治区、直辖市）为广东省，共 4330 个，排名第十的为辽宁省，共 606 个。西北五省（自治区）中公园个数最多的为陕西省，共 366 个，排名第二的为新疆维吾尔自治区，共 349 个，之后排序为甘肃省＞宁夏回族自治区＞青海省，青海省最低，仅有 64 个。

6.2.2 重点城市绿地概况

1. 整体概况

从重点城市来看，并未呈现越往西北整体绿地水平越低的趋势，如银川市和酒泉市的人均公园绿地面积就超过了全国平均水平；银川市和酒泉市的建成区绿地率以及人均公园绿地面积均较高，但公园个数却较少，与排名第一的西安市相差五六倍。

2020 年我国西部丝路沿线重点城市绿地数据统计结果见表 6-4。

表 6-4　2020 年我国西部丝路沿线重点城市绿地数据统计表

重点城市	建成区绿地率 /%	建成区绿化覆盖率 /%	人均公园绿地面积 /m²	公园个数 / 个
西安市	38.51	41.85	11.85	144
延安市	37.68	40.77	14.45	31
兰州市	24.04	33.13	11.20	30
铜川市	35.97	39.91	10.20	14
天水市	35.47	39.60	12.01	25
酒泉市	38.96	45.49	15.50	25
银川市	40.51	40.91	17.16	21
乌鲁木齐市	38.00	40.54	10.82	—
石河子市	—	43.00	—	—

资料来源：《中国城市统计年鉴 2020》

注："—"表示无数据

建成区绿地率（图 6-15）：银川市最高，为 40.51%，其后排名依次为酒泉市＞西安市＞乌鲁木齐市＞延安市＞铜川市＞天水市＞兰州市，兰州市最低，仅为 24.04%。

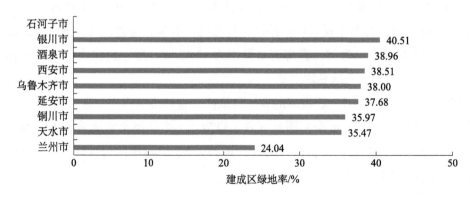

图 6-15　我国西部丝路沿线重点城市建成区绿地率统计图

资料来源：《中国城市统计年鉴 2020》

注：部分城市无统计数据，下同

建成区绿化覆盖率（图6-16）：酒泉市最高，为45.49%，其后排名依次为石河子市＞西安市＞银川市＞延安市＞乌鲁木齐市＞铜川市＞天水市＞兰州市，兰州市最低，仅为33.13%。

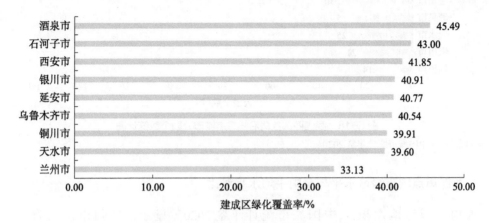

图6-16 我国西部丝路沿线重点城市建成区绿化覆盖率统计图

资料来源：《中国城市统计年鉴2020》

人均公园绿地面积（图6-17）：银川市最高，为17.16 m²，其后排名依次为酒泉市＞延安市＞天水市＞西安市＞兰州市＞乌鲁木齐市＞铜川市，铜川市最少，为10.20 m²。

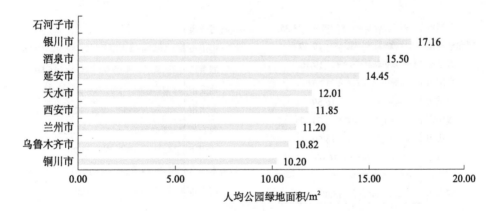

图6-17 我国西部丝路沿线重点城市人均公园绿地面积统计图

资料来源：《中国城市统计年鉴2020》

公园个数（图6-18）：西安市最多，为144个，铜川市最少，仅为14个，除西安市外，其余我国西部丝路沿线重点城市公园个数均不足50个。

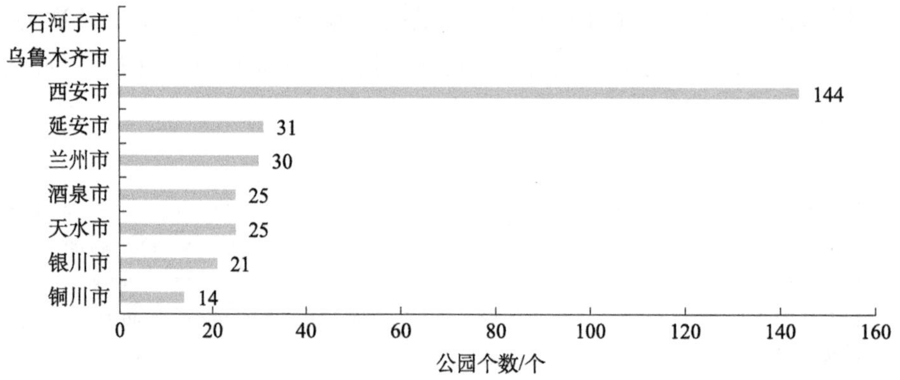

图 6-18　我国西部丝路沿线重点城市公园个数统计图

资料来源：《中国城市统计年鉴 2020》

2. 西部重点城市绿地水平与全国平均水平对比

人均公园绿地面积：《中国城市统计年鉴 2020》显示，广州市位列第一，为 23.35 m^2，排名第十的为深圳市，为 15 m^2，全国平均水平为 14.78 m^2。在我国西部丝路沿线重点城市中，银川市位列第一，为 17.16 m^2，酒泉市位列第二，为 15.50 m^2，其次为延安市＞天水市＞西安市＞兰州市＞乌鲁木齐市＞铜川市，铜川市最少，为 10.20 m^2；仅银川市和酒泉市超过全国平均水平，其他城市均未达到全国平均水平，但位列第三的延安市为 14.45 m^2，与平均水平相差较少（图 6-19）。

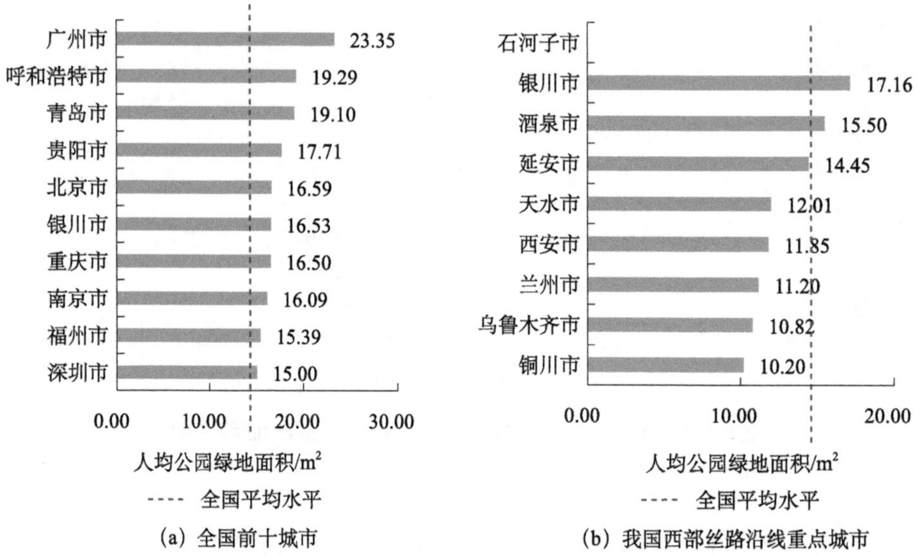

图 6-19　全国前十城市及我国西部丝路沿线重点城市人均公园绿地面积对比图

资料来源：《中国城市统计年鉴 2020》

公园个数：全国主要城市中，位列第一的是"千园之城"深圳，数量高达1206个，其次为重庆市，共650个，第十位为青岛市，共212个。我国西部丝路沿线重点城市里，西安市公园个数最多，为144个，但并未达到200个，延安市排第二位，为31个，之后的公园个数排名为兰州市＞酒泉市＞天水市＞银川市＞铜川市，铜川市最少，为14个。

6.2.3 绿地水平变化特征

1. 整体变化特征

根据《中国统计年鉴》（2016～2021年），从2016～2020年变化情况来看，西北五省（自治区）园林绿化面积都呈现增长趋势，表明西北五省（自治区）园林绿化水平、生态环境意识以及城市经济发展水平在逐渐增强，具体分析如下。

绿地面积：陕西省在2019年有所下降，其余年份在增长，宁夏回族自治区在2018年有所下降，其余年份在增长，其余三省（自治区）绿地面积逐年增长（图6-20）。

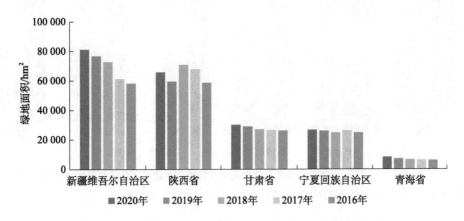

图6-20 2016～2020年西北五省（自治区）绿地面积统计图

资料来源：《中国统计年鉴》（2016～2021年）

公园面积：青海省2018年公园面积激增，在2019年有所下降，其余年份在增长；甘肃省2017年公园面积有较小浮动，其余三省（自治区）公园面积逐年增长。

公园绿地面积：甘肃省在2018年有所下降，其余年份呈增长态势，另外四省（自治区）公园绿地面积逐年增长。

公园个数：新疆维吾尔自治区在2017年有所下降，后期呈现增长趋势。2016～2017年、2020年公园个数排名均为陕西省＞甘肃省＞新疆维吾尔自治区＞宁夏回族自治区＞青海省，2018～2019 年公园个数排名为新疆维吾尔自治区＞陕西省＞甘肃省＞宁夏回族自治区＞青海省，2020 年陕西省和新疆维吾尔自治区的公园数量在 350 个左右。

2. 历年绿地水平与全国平均水平对比

与全国对比：除陕西省数据波动较大之外，其他四省（自治区）的建成区绿化覆盖，整体都呈现增长趋势（图 6-21）。

由 2016～2020 年的已知数据可知，陕西省的绿地覆盖率在 2019 年有所下降，新疆维吾尔自治区有较小波动，其余省（自治区）均在稳定增长；对比全国数据可知，宁夏回族自治区已达到全国平均水平，新疆维吾尔自治区相差较少，陕西省于 2020 年已缩小距离，青海省和甘肃省还有较大差距。

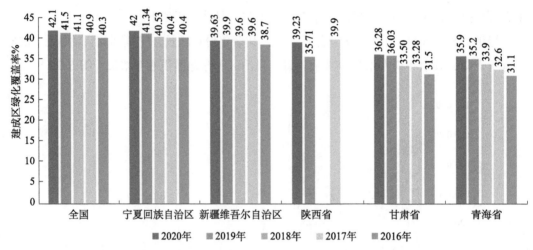

图 6-21　2016～2020 年全国及西北五省（自治区）建成区绿化覆盖率对比图

资料来源：《中国统计年鉴》（2016～2021 年）

6.3 城市公共服务设施特征

在"一带一路"建设重大机遇下，公共服务设施的合作与交流对促进我国西部丝路沿线地区民心相通具有重要意义。本节首先以教育设施、医疗设施、文体设施、养老设施、优质公共服务设施 5 个一级指标、17 个二级指标构建了公共服务设施服务水平评价指标体系，对西北五省（自治区）及 51 个地级行政区公共服务设施服务水平进行了综合评价，总结了不同尺度下公共服务设施服务水平的差异特征。其次选取覆盖面广、精度高、便于分析处理的 POI 数据，运用基于地理信息系统（GIS）的空间分析方法，探究不同尺度下公共服务设施空间分布特征。

6.3.1 公共服务设施服务水平评价

依据住房和城乡建设部发布的《城市公共设施规划规范》（GB 50442—2008），参考《城市公共服务设施规划标准 GB50442（修订）（征求意见稿）》，选取为城市或一定范围内的居民提供基本的公共文化、教育、体育、医疗卫生和社会福利等服务的、不以营利为目的公益性公共设施作为研究对象。考虑到优质公共服务设施（优质中小学、百强医院等）对整体公共服务水平的提升具有重要影响，因此本节从教育设施、医疗设施、文体设施、养老设施、优质公共服务设施五方面结合公共服务设施数量、规模及技术人员等要素，选取 17 项指标，构建公共服务设施服务水平评价指标体系。采用客观评价法对西北五省（自治区）及其地级行政单元的公共服务设施服务水平进行统计分析，通过熵值法对评价指标进行赋权，从而得出各评价对象的得分（表 6-5）。

表 6-5 公共服务设施服务水平评价指标体系

一级指标	二级指标	权重	序号
教育设施	十万人小学数 / 所	0.0466	1
	十万人中学数 / 所	0.0490	2
	百万人高校数 / 所	0.0642	3
	小学生师比	0.0170	4
	中学生师比	0.0189	5
	普通高校生师比	0.0436	6
医疗设施	十万人医院数 / 家	0.0432	7
	千人医疗卫生床位数 / 张	0.0310	8
	千人执业（助理）医师数 / 人	0.0285	9
文体设施	十万人文化机构数 / 个	0.0476	10
	人均体育场地面积 /m²	0.0231	11
养老设施	十万人养老服务机构数 / 个	0.0608	12
	千名老人养老床位数 / 张	0.0437	13

续表

一级指标	二级指标	权重	序号
优质公共服务设施	百万人优质小学数 / 所	0.1314	14
	百万人优质中学数 / 所	0.1670	15
	百万人优质高校数 / 所	0.0907	16
	百万人百强医院数 / 个	0.0937	17

相关数据来源于《第七次全国人口普查公报》《中国统计年鉴2021》《中国城市统计年鉴2021》，以及各省、市统计年鉴及国民经济与社会发展统计公报。优质公共服务设施数据源自2021年全国小学500强榜单[①]、2021年中国百强中学排名[②]、全国双一流大学名单[③]、2020年度中国医院排行榜[④]。

1. 省际：公共服务设施服务水平差异明显

全国及西北五省（自治区）公共服务设施服务水平评价结果为：陕西＞全国＞甘肃＞青海＞宁夏＞新疆。具体来看，西北五省（自治区）教育设施及文体设施得分高于全国平均水平，甘肃医疗设施得分低于全国平均水平，西北五省（自治区）养老设施存在明显短板，导致其得分均低于全国平均水平。结合公共服务设施机构与人员分析，甘肃、新疆的公共服务设施机构与人员评分均低于全国平均水平，其中新疆还存在学前教育双语教师缺乏的问题；就优质公共服务设施而言，西北五省（自治区）优质公共服务设施分布不均，主要集中在陕西省，其余省（自治区）优质公共服务设施评分远低于全国平均水平（图6-22）。

2. 市际："强省会（首府）"特征显著

西部丝路沿线城镇公共服务设施供给水平整体偏低，并且呈现出明显的"强省会（首府）"特征，西北五省（自治区）中仅6个城镇的公共服务设施服务水平高于全国平均水平，其中只有海西州是非省会（首府）城市，排名从高到低依次为西安市＞西宁市＞兰州市＞银川市＞乌鲁木齐市＞海西州，西安市评分远高于其他城镇。得分后五位依次是：阿克苏地区＜巴州＜伊犁州＜临夏州＜昌吉州，其中4个位于新疆（图6-23）。

---

① 全国小学排行榜 全国小学500强榜单 . https://www.maigoo.com/news/479418.html[2023-08-18].

② 全国百强中学排名2021名单（第九届中国百强中学榜单完整版）. https://www.xsc.cn/news/202201/39501.html [2023-08-18].

③ 2023年全国双一流大学名单及双一流大学排名（147所）. https://www.dxsbb.com/news/list_226.html[2023-08-18].

④ 2020年度全国综合排行榜 . http://rank.cn-healthcare.com/fudan/national-general/year/2020[2023-08-18].

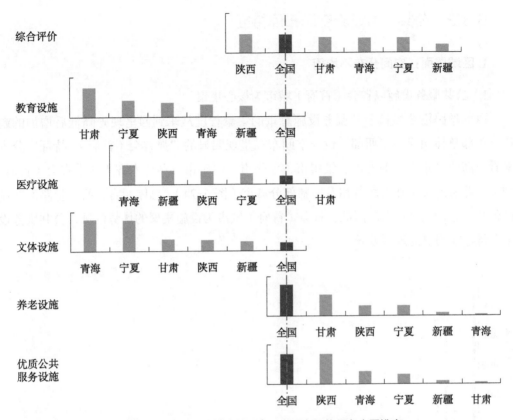

图 6-22 西北五省（自治区）公共服务设施服务水平排序

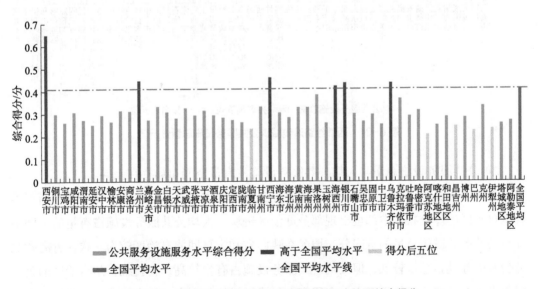

图 6-23 西部丝路沿线城镇公共服务设施服务水平综合得分

6.3.2 公共服务设施空间布局特征

1. 区域层面：空间分布不均衡

1）公共服务设施以省会（首府）城市为核心集聚

西部丝路沿线城镇公共服务设施总量的集聚程度从东到西呈现先降低后增加的趋势，东部整体明显高于西部，设施空间布局呈现明显的"强省会（首府）"特征，分省来看，高值区集中在西安市、银川市、兰州市、西宁市、乌鲁木齐市 5 个省会（首府）城市，低值区集中在青海各州及新疆部分城市（图 6-24）。总体而言，西部丝路沿线城镇公共服务设施总量东高西低，省会（首府）城市为设施集聚的优势区域，公共服务设施总量存在明显的地区差异。

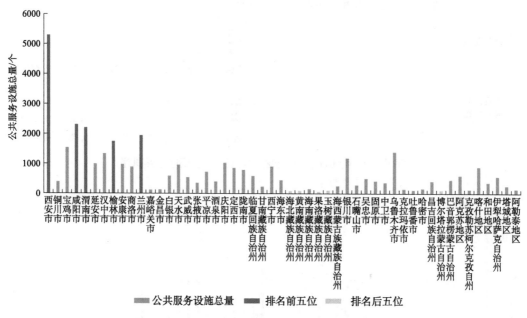

图 6-24　西部丝路沿线城镇公共服务设施总量分析图

2）公共服务设施总量与人均公共服务设施占有量空间布局存在差异

人均公共服务设施占有量高值区主要分布在陕西省和青海省北部，低值区在新疆维吾尔自治区连片分布，中部也出现部分低值区斑块。人均公共服务设施占有量的空间格局与公共服务设施总量的空间分布情况在陕西省和宁夏回族自治区较为一致；青海省北部公共服务设施总量较低，但人均公共服务设施占有量较高；新疆维吾尔自治区的公共服务设施在各地级单位中，在一定程度上形成了设施集聚点，但人均公共服务设施占有量较低（图 6-25）。

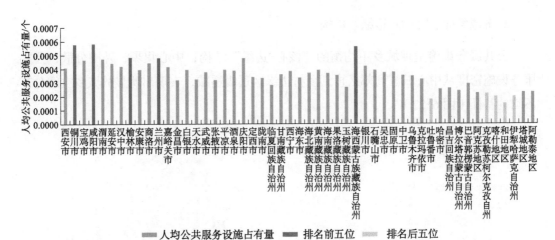

图6-25 西部丝路沿线城镇人均公共服务设施占有量分析图

3）公共服务设施可达性空间分布不均

区域级公共服务设施承担着对外服务的职能，优质的公共服务设施如医疗、教育吸引了周边城镇的人口，承受着较大的服务压力。通过对三甲医院可达性分析，可以了解区域间优质公共服务的差异。由于南疆与青海省存在地广人稀的特征，其三甲医院可达性较差，该地区在优质公共服务资源获取上处于劣势（图6-26）。

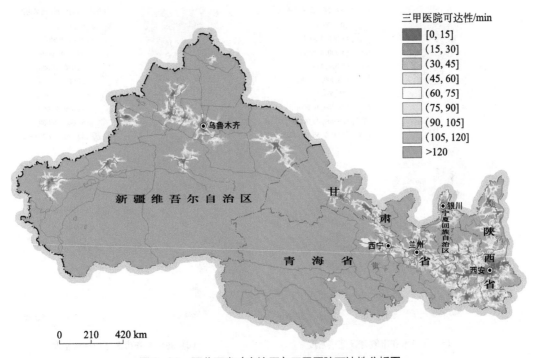

图6-26 西北五省（自治区）三甲医院可达性分析图

2. 市域层面："核心-边缘"结构

公共服务设施呈现城乡不均衡的"核心-边缘"结构，中心集聚、外围分散，公共服务设施密度从中心城区到郊区再到乡村边缘区逐级递减，表现出明显的城乡空间分布不均的特征（图6-27）。

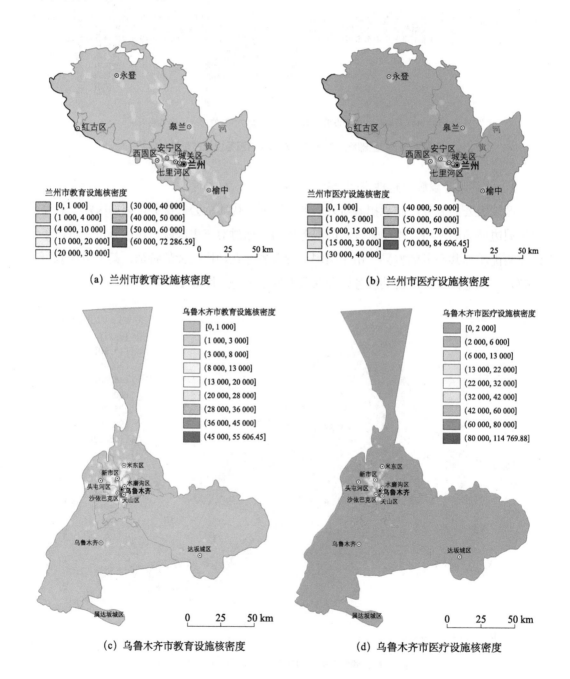

（a）兰州市教育设施核密度　　　　　　　　　（b）兰州市医疗设施核密度

（c）乌鲁木齐市教育设施核密度　　　　　　　（d）乌鲁木齐市医疗设施核密度

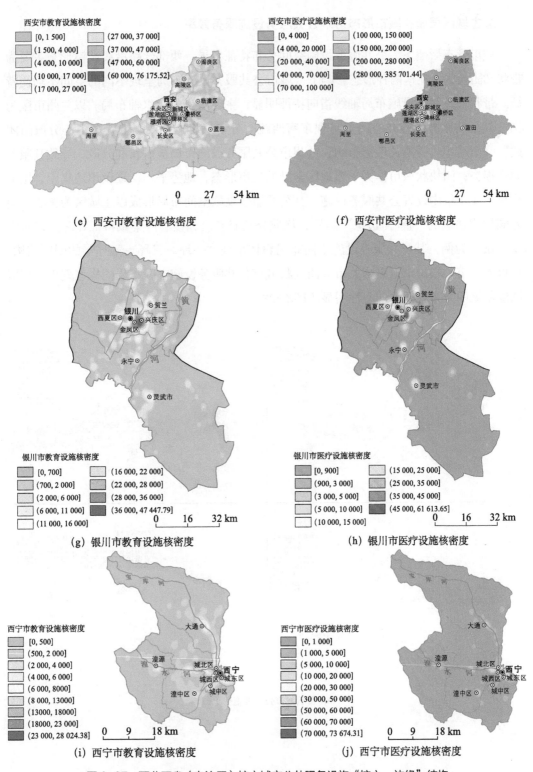

西安市教育设施核密度

[0, 1 500]　　　(27 000, 37 000]
(1 500, 4 000]　(37 000, 47 000]
(4 000, 10 000]　(47 000, 60 000]
(10 000, 17 000]　(60 000, 76 175.52]
(17 000, 27 000]

0　　27　　54 km

(e) 西安市教育设施核密度

西安市医疗设施核密度

[0, 4 000]　　　(100 000, 150 000]
(4 000, 20 000]　(150 000, 200 000]
(20 000, 40 000]　(200 000, 280 000]
(40 000, 70 000]　(280 000, 385 701.44]
(70 000, 100 000]

0　　27　　54 km

(f) 西安市医疗设施核密度

银川市教育设施核密度

[0, 700]　　　(16 000, 22 000]
(700, 2 000]　(22 000, 28 000]
(2 000, 6 000]　(28 000, 36 000]
(6 000, 11 000]　(36 000, 47 447.79]
(11 000, 16 000]

0　　16　　32 km

(g) 银川市教育设施核密度

银川市医疗设施核密度

[0, 900]　　　(15 000, 25 000]
(900, 3 000]　(25 000, 35 000]
(3 000, 5 000]　(35 000, 45 000]
(5 000, 10 000]　(45 000, 61 613.65]
(10 000, 15 000]

0　　16　　32 km

(h) 银川市医疗设施核密度

西宁市教育设施核密度

[0, 500]
(500, 2 000]
(2 000, 4 000]
(4 000, 6 000]
(6 000, 8000]
(8 000, 13000]
(13000, 18000]
(18000, 23 000]
(23 000, 28 024.38]

0　　9　　18 km

(i) 西宁市教育设施核密度

西宁市医疗设施核密度

[0, 1 000]
(1 000, 5 000]
(5 000, 10 000]
(10 000, 20 000]
(20 000, 30 000]
(30 000, 50 000]
(50 000, 60 000]
(60 000, 70 000]
(70 000, 73 674.31]

0　　9　　18 km

(j) 西宁市医疗设施核密度

图6-27　西北五省（自治区）核心城市公共服务设施"核心-边缘"结构

3. 主城区层面：城市形态影响公共服务设施服务效率

城市形态影响下，公共服务设施空间分布特征各异。西部丝路沿线城镇形态主要为带状和团块状。在这两种形态影响下，城市公共服务设施布局呈现不同的空间不均衡特征。带状公共服务设施布局轴线指向特征明显，主要沿交通和水轴布局。以兰州市区为例，其公共服务设施在空间上呈现东密西疏的分布态势，形成"带状多中心分散组团式"空间结构。受狭长地形影响，兰州市公共服务设施布局被拉长和分散，导致其服务效率损失；团块状城市作为平原地区常见的城市形态，地势平坦，建设用地集中，用地规整，便于集中设置公共服务设施。其公共服务设施空间布局形成以主城区为核心、向外圈层式递减的"核心-边缘"结构，优质公共服务设施核心区集聚特征显著。以西安市主城区为例，其公共服务设施空间布局整体呈现"一环＞二环＞三环"的圈层结构。乌鲁木齐市、银川市、嘉峪关市等团块状城市公共服务设施空间布局同样表现出主城区高度集聚的分布特征，向心性明显（图6-28）。

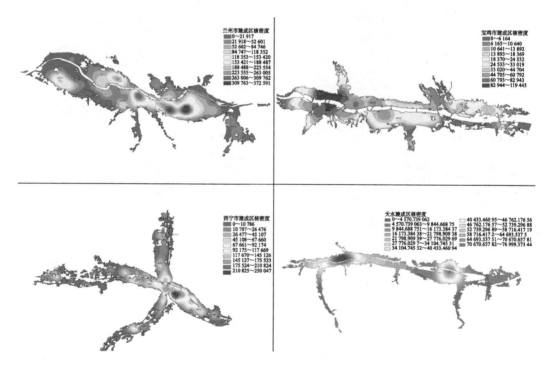

（a）带状城市公服设施空间布局

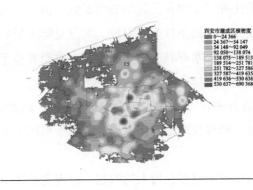
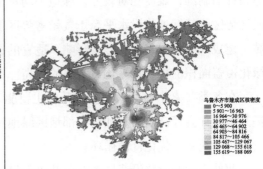

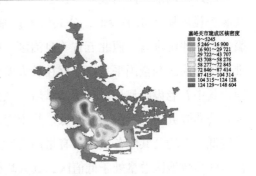

(b) 团块状城市公服设施空间布局

图 6-28 西北带状与团块状城市公共服务设施空间布局

<h1>6.4 ▶ 小结</h1>

城市文化空间具有承载城市精神和凝聚人心的重要作用，是塑造城市特色、彰显城市文化的关键要素。城市文化危机已经成为全球城市发展的焦点问题，城市文化空间建设成为引领城市全局发展的重要途径。西部丝路沿线城镇文化悠久、禀赋丰厚，具有独特的城市文化空间建设营建智慧和方法。应挖掘本土营建方法和理念，结合现代城市文化空间建设成果，新旧协调、赓续发展，探索能够传达城市精神风貌、适应历史传承和文化复兴时代需求的城市规划与建设模式。

从西部丝路沿线城镇绿地概况和特征角度，从全国范围来看，东部＞中部＞西部，西部部分地区与东南沿海地区相比，城镇绿地水平相差甚远。绿地水平的差异性能够在一定程度上反映城镇自然环境条件、社会经济因素、城市规模、城市形态、建成区面积和政府治理等要素特点。例如，处于山地和高原的城市，绿地建设在一定程度上受到自然条件的制约，难度相对较大，绿地平均水平比处于平原和丘陵的城市要低；再如，气候优势区位的绿地建设水平高于气候劣势区位。在气候条件中，温度、湿度及降水量对城市建成区绿化覆盖率有显著影响，适宜的温度和降水有利于植物的生长，进而有益于绿化覆盖面积的扩大和绿化覆盖率的提高。

在各类要素中，绿地系统提升的主要驱动力和有力保障是地区经济的发展。因此，提升地方社会经济实力、加快西部地区绿地建设和提高绿地总体水平，有助于形成经济发展与绿地系统优化良性循环。

此外，西部丝路沿线城镇在公共服务设施配置上仍存在较大的问题，表现为整体公共服务设施服务水平较低，公共服务设施配置存在较大的空间差异。从公共服务设施服务水平评价来看，西北五省（自治区）中除陕西省外均低于全国平均水平，其中新疆维吾尔自治区与全国平均水平存在较大差距；不同类型城镇的公共服务设施建设水平不同，其中养老设施建设水平整体滞后。从公共服务设施空间布局来看，西北五省（自治区）公共服务设施总量东高西低，其中青海省及新疆维吾尔自治区部分城市公服设施总量较低；人均公共服务设施占有量高值区主要分布在陕西省和青海省北部，新疆维吾尔自治区多数地区总量处于低值区，其人均公共服务设施占有量亦不足；各城镇内公共服务设施空间分布呈现"核心-边缘"结构，表现出明显的城乡分布不均衡特征；带状形态的城镇相对于团块状形态的城镇，其公共服务设施使用效率会受到一定损失。

第7章

西安市人居环境
绿色发展建议

7.1 人居环境概况与特征

图 7-1　西安市区位图

西安市（古称长安）地处关中平原中部、北濒渭河、南依秦岭，八水润长安。根据《西安市秦岭生态环境保护规划》，市内以山地、台地和平原地形地貌为主；南部秦岭山地以林地、牧草地、未利用地为主，约占市域土地总面积的 55%，是西安市重要的自然生态保护用地；北部平原以耕地、园地、城镇建设用地和文物遗址保护用地为主，约占市域土地总面积的 45%，如图 7-1 所示。

西安市的定位是：经济中心、对外交往中心、丝路科创中心、丝路文化高地、内陆开放高地、国家综合交通枢纽（简称"三中心两高地一枢纽"）。联合国教育、科学及文化组织于 1981 年确定西安市为"世界历史名城"，西安市是中华文明和中华民族重要发祥地之一，是丝绸之路的起点。2018 年批复的《关中平原城市群发展规划》对西安市的定位是：打造"三中心两高地一枢纽"，建设西安国家中心城市。

西安市作为关中平原城市群的核心城市，人口密集，交通发达。截至 2021 年底，西安市共辖 11 区、2 县，面积为 10 752 km²（西安市人民政府，2023）。根据第七次人口普查数据，截至 2020 年 11 月 1 日零时，西安市常住人口总量达 1295 万人。西安市有中国八大区域枢纽机场之一——西安咸阳国际机场，有航班可以通达国内外 60 多个大中城市；铁路干线四通八达，陇海—兰新铁路横贯西安市境内，成为我国西北通往西南、中原和华东的交通枢纽；是仅次于北京的全国第二大公路交通枢纽，共有 9 条国道呈放射状通往全国各地。

西安市的产业结构特征及其自然气候条件导致区域性复合污染问题频发，西安市成为全国污染严重的地区之一。西安市是以重工业为主的产业结构体系，能源利用率低，废气废水等污染物排放量大、处理率低；地处关中平原中部，年平均降水量比较低，在大气污染治理上有着先天的劣势；南北两侧地势较高，风力受到地形阻挡而减弱，大气污染物扩散能力弱，垂直扩散能力只在对流旺盛的春夏季随着对流加深才有明显的清除作用，加剧了空气污染程度。

西安市是首批中国优秀旅游城市，文化遗存具有资源密度大、级别高的特点。根据《陕西年鉴 2020》，在中国旅游资源普查的 155 个基本类型中，西安市旅游资源占据89 个。西安市周围帝王陵墓有 72 座，其中有"千古一帝"秦始皇的陵墓，周、秦、汉、唐四大都城遗址，西汉帝王 11 陵和唐代帝王 18 陵，大小雁塔、钟鼓楼、古城墙等古建筑 700 多处。2A 级及以上旅游景区共 91 个，如表 7-1 所示。根据西安市文化和旅游局发布的《2022 年 1—12 月西安市旅游接待情况》，2022 年到西安旅游人数突破 2 亿人次，相应收入突破 2000 亿元大关。

表 7-1　西安市景区数量（按等级划分） （单位：个）

	景区等级	数量	合计
西安市	AAAAA	5	91
	AAAA	27	
	AAA	48	
	AA	11	

资料来源：西安市人民政府发布的《2023 年西安市 A 级旅游景区信息表》

7.2　绿色发展面临的问题

7.2.1　产业结构、国土空间布局不合理

产业结构方面，西安市主要面临三个方面的问题。一是对标国家中心城市定位，经济总量还不够大，区域辐射力、带动力还不强。作为西北大区中心城市，西安市资源相对集中，对外开放不足，民营经济发展还不够充分，中小微企业面临许多困难。二是相较于蓬勃发展的第三产业，西安市的第二产业明显动力不足。西安市工业产业链不完善，产业配套薄弱，造成产业分工层次低、产品附加值低、自我发展能力弱。工业尤其

是制造业发展缓慢，成为西安市经济发展的"短板"。"重工业偏重，轻工业偏轻"的结构模式一方面导致西安市工业重型化特征明显，在面对技术更新、市场波动等情况时，反应较慢，转型困难；另一方面导致轻工业领域发展不足，成为工业"短板"中的"短板"。三是第三产业在国内外市场上并不具备明显的竞争优势。西安市第三产业尽管占 GDP 的比重较高，但是服务业标准和水平并不高，主要集中在餐饮、批发、零售和交通运输等相对低端的行业领域，以信息、金融、科技服务为代表的现代服务业并不发达。

国土空间布局方面，主要从区域、市域、空间三个尺度分析。就区域尺度而言，省市级医疗、教育、体育等公共服务资源过度集中在西安市中心城区，对西安都市圈其他市县的辐射能力不足，如图 7-2 所示。就市域尺度而言，西安市小学、中学、公共卫生机构、养老服务机构等公共服务设施的人均拥有量低于全国平均水平，公共服务设施数量不足，供需结构失衡；西安市公共服务设施人员与优质公共服务设施高于全国平均水平。就空间尺度而言，西安市各类设施主要集中在西安市区，周至县、蓝田县相对较少；三甲医院主要集中在中心城区，周至县的三甲医院可达性相对较差，如图 7-3 所示。

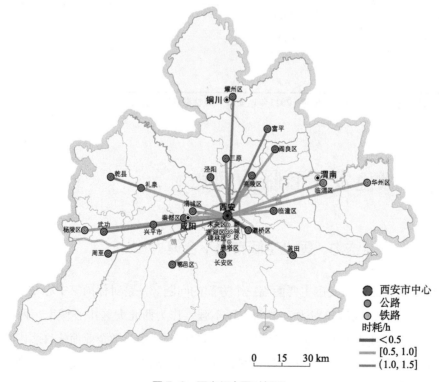

图 7-2　西安都市圈时耗图

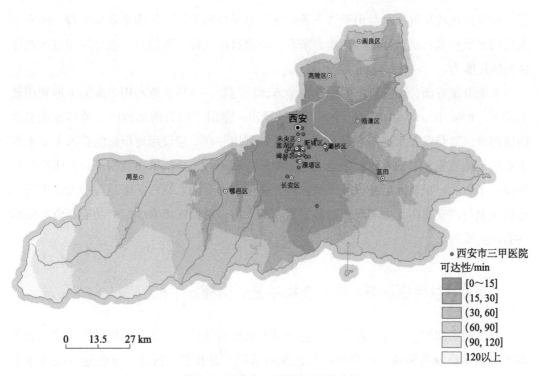

图 7-3　西安市三甲医院可达性分析

7.2.2　大气污染严重，资源利用不当

大气环境方面，西安市主要面临两个方面的问题。一是城市化速度与环境承载力不匹配，环境自我净化能力弱。近年来，伴随着工业化、城市化的快速发展，人口、资源利用与环境承载力不匹配的问题逐渐显现，大气污染问题也随之凸显。二是西安市所在的关中地区产业结构以重工业为主，污染物排放量大，能源利用率低，废气处理率低。区域性大气复合污染问题频发，其影响范围大、污染程度高，严重威胁人民群众的身体健康和生态安全，成为全国大气污染严重的地区之一。

水资源方面，西安市主要面临三个方面的问题。一是再生水利用不足。2022年西安市年再生水利用率仅有26.5%[①]，剩余大部分水都被直接排入黄河。二是雨水利用设施不完善。目前西安市对雨水的设计体系停留在"直接排放和疏导"的模式，雨水的收集利用管理和设施不完善，城区可渗水面积小，没有合理利用凹陷地形来构建海绵城市，导致雨水资源的长期浪费。三是水资源利用程度超过承载力负荷。从可持续承载指标来

①　新华网：陕西再生水利用率不断提升. http://slt.shaanxi.gov.cn/sy/mtjj/202202/t20220208_2209841.html[2023-08-18].

看，西安市现状年取用水量小于"三条红线"总量控制指标；从用水效率来看，西安市人均用水量较低；从水环境承载能力来看，全市目前达标排放的污染物总量超过水功能区的纳污能力。

土地资源方面，西安市主要面临三个方面的问题。一是土地利用率高但土地利用效率低下。西安市地均 GDP 远低于东部发达城市，落后于同为西部地区且地形地貌类似的成都市。二是建设用地需求量大与土地低效利用并存。建设用地指标的获取主要来源于新增土地规模，对低效建设用地的内部挖潜力度不够，造成城市规模外延扩张和低效利用的矛盾。三是耕地后备资源不足，补充耕地潜力有限。城市扩张过程中大量占用耕地的现象与西安市内无力实现"占补平衡"的矛盾，对西安市农业生产功能和资源供给功能产生威胁。

7.2.3　绿色底线低，产业支撑不足，管理水平低下

与我国东部城市相比，西安市绿色建筑发展相对滞后，主要为以城市公共建筑为代表的点状星级绿色建筑，民众对绿色建筑的认识不足和意识淡薄，绿色建筑底线水平较低。

西安市是西北地区文化中心地带，但多元民族文化与地域建筑文化在绿色建筑中的融入不够，西部地区适宜性绿色技术产品从持续研发、高效生产到高质量施工的产业化发展不成熟。

建筑生产、建造、运营、报废全寿命周期资源能源消耗监测、评估与调控管理系统有待健全，建筑节能技术缺乏效益反馈与持续更新升级的基础，绿色建筑工程实际环境效益、经济效益有待提高。

7.2.4　文化传承与城市建设矛盾突出

文化传承利用的系统性薄弱。文化要素保护主要聚集在文保单位，缺少整体性的规划和执行，保护工作相对滞后。市内文化资源丰富，且多数文化空间是具有文化内涵但不具有遗存实体的区域，未能得到系统性的传承利用。目前西安市区域范围内分布着周丰京、周镐京大遗址的文物古迹。该区域缺乏对大遗址保护的统筹规划，与国家颁布的《关中平原城市群发展规划》中对西安市制定的区域发展战略不相适应，遗址遗迹保护工作不到位。遗址遗迹分布广泛，格局保护传承与城市建设存在矛盾冲突。在大遗址保护范围内及周边风貌协调区分布着大量的村庄和企事业单位。根据文物保护要求，需

要搬迁对其有影响的村庄或单位。因拆迁安置人口多，所需的安置用地规模比较大，落实搬迁安置用地成为西安市城市发展的新问题。历代都城遗址带之间已设有大量城市用地，部分遗址展示利用不足。

7.3 绿色发展建议

7.3.1 构建现代产业体系，打造智慧城市

1. 推动产业转型升级，构建现代产业体系

坚持以推动产业转型升级为重点，把实体经济特别是制造业做实做强做优，推进产业基础高级化、产业链现代化，加快推动支柱产业高端化、新兴产业规模化、生产性服务业现代化、文化旅游业特色化，构建产业集聚、结构合理、优势突出、竞争力强的"6+5+6+1"现代产业体系。

针对经济总量薄弱、区域辐射力不足的问题，要做强支柱产业，加快补齐对外开放短板，打造内陆改革开放高地。依靠创新驱动、集群发展，增强电子信息、汽车、航空航天、高端装备、新材料新能源、食品和生物医药六大支柱产业（"6"）的核心竞争力。实施中欧班列（西安）、空中丝绸之路的西安港扩能优化行动，大力推动"两港"联动发展，推进港贸、港产、港城融合，进一步提升区域的带动和辐射作用。针对第二产业动力不足的问题，要做大新兴产业。加快新技术产业化、规模化，培育壮大人工智能、增材制造（3D 打印）、机器人、大数据、卫星应用等五大新兴产业（"5"）。针对第三产业优势不足的问题，要做优生产性服务业。推动现代金融、现代物流、研发设计、检验检测认证、软件和信息服务、会议会展六大生产性服务业（"6"）向专业化和价值链高端延伸。推动文化旅游产业（"1"）深度融合。坚持以文旅产业转型升级赋能高质量发展，形成文旅供给需求良性循环。

2. 深化城市运行、管理，打造智慧城市

针对区域尺度辐射能力不足的问题，要加强都市圈市域（郊）发展。打造通达国际、辐射大西北、服务关中平原城市群的对外门户和综合交通枢纽。推动西安都市圈市域（郊）铁路加快发展，联通城区与郊区及周边城镇组团，重点满足 1 h 通勤圈快速通达需求，建设"轨道上的西安都市圈"。针对市域尺度供需不足和空间尺度医疗设施失

衡的问题，建设新型智慧城市。深化城市运行管理"一网统管"，完善应急指挥平台，建设智慧城市运行管理中心，推动智慧社区、智慧校园、智慧医院、智慧商圈等的建设，建成全民共享的智慧民生服务体系，推进公共服务便捷化。

7.3.2 调整产业结构，充分利用资源，加快基础设施提质升级

大气污染方面，针对城市化速度与环境承载力不匹配的问题，从根本上调整优化产业、能源、交通运输结构和全市产业布局，加快实施重点污染企业搬迁，逐步扩大高污染燃料禁燃区范围，加快实现集中供热站无煤化，调整供热结构，探索"引热入西"；针对重工业污染严重的问题，可通过城市风道规划进行改善，远期西安市可增加水面、绿地或生态下垫面占比较大的开放空间，将绿色空间连成序列、廊道，以至于形成网络。从"风道功能用地""风道道路网络""风道绿地系统""风道景区"等方面加强对城市风道的规划控制引导。

水资源方面，针对再生水利用不足的问题，加快污水污泥处理设施建设，优化污水处理厂布局，提高再生水利用率；针对雨水利用设施不完善的问题，强化控源截污，持续推进城镇污水管网全覆盖和雨污水管网分流改造；针对水资源开发程度超过承载力负荷的问题，稳步推进农村污水和黑臭水体治理，全力推进引汉济渭跨流域调水，完善黑河金盆水库、李家河水库等城市供水系统，持续增强城市供水保障能力。

土地资源方面，针对土地利用效率低下的问题，加快编制国土空间规划，建立健全"三级三类"西安市国土空间规划体系，构建国土空间开发保护"一张图"；针对建设用地需求压力大的问题，强化国土空间用途管制，建立健全"3+1"四线管控体系，合理配置城镇、农业、生态三类空间，预留战略留白空间和弹性发展区，形成国土开发保护空间基底；针对耕地后备资源不足的问题，划定落实生态保护红线、永久基本农田保护红线、城镇开发边界和历史文化保护控制线；强化土壤污染管控，从源头控制新增土壤污染，加强农业面源污染防治，实施受污染耕地安全利用，支持农产品主产区增强农业生产能力。

生态方面，针对生态城市建设指标不达标的问题，应严守生态保护红线，持续开展生态环境综合修复，加强植被、水资源和生物多样性保护，规划建设一批城市公园、滨河绿道、城市客厅，为市民提供良好的公共空间和休闲场所；针对基础设施建设、资源配置及社会文明程度低的问题，要建设韧性城市、海绵城市，有序推进综合管廊、城市绿廊、地下空间等韧性基础设施建设，强化应急管理、防灾避难、卫生防疫等城市安全基础设施建设。

7.3.3　抬高绿色建筑底线，加强产业与管理支撑

促进绿色建筑技术标准在建设领域的全过程体现，加强绿色建筑的创建工作，提高绿色建筑发展底线水平，强调绿色建筑运行阶段评价，加强绿色建筑技术产业化、工业化支撑。

结合西北地域文化与西安市自然气候、经济条件，有针对性地发展地域适宜性绿色建筑技术体系，构建与西北文化场景匹配的地域绿色建筑路径与方案。

加强建筑全寿命周期资源、能源消耗数据监测与统计，协同建筑科研单位实施数据分析与调控决策，形成建筑节能长效反馈机制。

7.3.4　构建遗产监测体系，科学保护文化遗产

扎实加强文化建设，打造丝路文化高地。针对文化传承利用的系统性薄弱问题：①实施中华文明探源工程。加强史前遗址，周、秦、汉、唐四大都城遗址，以及帝陵的考古调查，在此基础上，开展多学科综合研究，对各个区域的文明化进程、环境背景、生业形态、社会分化、相互交流、中华文明多元一体格局的形成过程、模式与机制、道路与特点进行多学科综合研究，实证西安市在中华文明发展脉络中的重要地位与作用。②加强中华文明精神标识保护。加强世界文化遗产保护，完善监测预警平台建设，建立西安市世界文化遗产数字化档案库，形成完备的世界文化遗产保护、管理、监测体系。

针对遗址遗迹保护不到位的问题：①加大文物保护力度。坚持以确保文物安全为基本、以强化科技创新为关键，健全文物资源管理体制，统筹保护不同类型、不同级别的历史文化遗产，提高文物保护的系统性、科学性和可持续发展水平，依法依规地守住文物保护的底线和红线，守护好中华文明精神标识和文化遗存。②加强考古发掘和重要文物保护。实施遗址等重要考古发掘项目，丰富历史内涵。实施重要文物保护工程，加强对濒危文物的抢救保护与修缮，严格控制文物保护单位周边环境风貌，加强环境整治。

同时通过落实上位规划、建立制度保障、开展相关公共政策研究等措施加以保障，在实际工作中处理好名城保护与现代城市建设的关系，大力弘扬历史传统文化，塑造城市特色。

第8章

铜川市人居环境
绿色发展建议

8.1 人居环境概况与特征

8.1.1 自然条件

0 50 100 km

图 8-1 铜川市区位图

铜川市处于关中盆地向黄土高原的过渡地带，紧邻国家中心城市西安市，是西安市向北辐射、衔接呼包鄂榆城市群的重要经济通道，是关中平原渭北生态屏障，沟壑纵横，地貌复杂，缺少城市建设用地，如图 8-1 所示。

根据铜川市人民政府公布的数据，铜川市近三十年平均降水量在 543.4～676.3 mm。境内有石川河和北洛河两大水系，河流均是源头或上游，流程短，水量少，水资源相对贫乏。2020 年生态环境部通报，全国地级以上城市地表水考核断面水环境质量排名中，铜川市的石川河水质位于倒数第一。根据《2021 年铜川市水资源公报》，2021 年全市水资源总量为 5.87 亿 m^3，人均水资源量为 826.76 m^3，在西北地区处于下游水平。作为矿业型城市，铜川市工业用水量占比较高。2021 年该市总用水量达 0.8755 亿 m^3，其中工业用水量为 0.2021 亿 m^3，达 23.08%。根据《中国城市建设统计年鉴 2020》，铜川市工业废水排放量为 610.16 万 t，处理量为 759.53 万 t；而污水排放量达到 1833 万 t，污水处理总量为 1754 万 t，处理率约 95.69%，低于全国污水处理水平（97.53%），该市污水处理水平有待提高。

自然资源、工业特点和特殊的地理位置决定了铜川市的大气污染情况。根据《铜川市"十四五"生态环境保护规划》和《铜川市生态环境状况公报（2021 年度）》，2020

年全国 337 个地级及以上城市空气质量平均优良天数共 318 天，全省平均 295 天，而铜川市仅为 286 天，$PM_{2.5}$ 浓度分别高于全国、全省 10 μg/m³ 和 1.5 μg/m³。

铜川市四大支柱产业——煤炭开采和洗选业、以水泥为主的非金属矿物制品业、以电解铝和铝制品为主的有色金属冶炼及压延加工业、电力生产及供应业导致该市工业固体废物产生量大。煤炭开采和使用过程中资源利用率低是铜川市工业固体废物产生量大的主要原因。就工业污染物种类而言，煤炭行业产生的污染物包括粉煤灰、煤矸石和炉渣；火力发电行业的工业污染物包括粉煤灰、废渣、碎屑等；火力发电、水泥等行业的污染物包括脱硫石膏。有色金属电解铝生产过程中产生的含氟固体废弃物，是铜川市一般工业固体废物的主要组成部分。

8.1.2 产业特征

铜川市因煤而立、因煤而兴，先矿后市，是以区域资源开发为主的工业型城市。煤炭开采有上千年历史，新中国成立以来，铜川市已经累计为国家贡献 6 亿多 t 煤炭、2 亿多 t 水泥，计划经济时期，铜川市煤炭产量曾一度占到陕西省的 70%（陕西省人民政府，2020）。

根据《铜川市 2022 年国民经济和社会发展统计公报》，2022 年末，铜川市常住人口有 70.5 万人，铜川市城镇化率为 64.41%，低于全国平均水平（65.22%），人均 GDP 约为 71 709 元，低于全国平均水平（85 698 元）。全市第一、第二、第三产业中，第二产业占经济总量的比重达 36.83%，如图 8-2 所示。通过对比铜川市各行业的职能强度

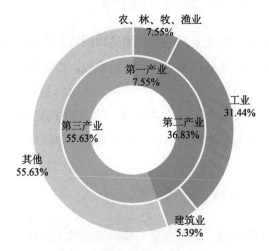

图 8-2 铜川市各产业 GDP 占比

资料来源：《中国城市统计年鉴 2020》

发现，铜川市以采矿业为主，如表 8-1 所示。依托矿产资源优势，铜川市形成了四大传统支柱产业，分别是：煤炭开采和洗选业、以水泥为主的非金属矿物制品业、以电解铝和铝制品为主的有色金属冶炼及压延加工业、电力生产及供应业。

表 8-1　铜川市各行业职能强度

市	第一产业	第二产业				第三产业								
	农、林、牧、渔业	采矿业	制造业	电力、热力、燃气及水生产和供应业	建筑业	交通运输、仓储和邮政业	信息传输、计算机服务和软件业	金融业	房地产业	商务服务业	科学研究和技术服务业	教育	其他服务业	公共管理、社会保障和社会组织
铜川市	一般	较强	一般	中等	一般	一般	一般	一般	中等	一般	一般	较弱	一般	一般

资料来源：《中国城市统计年鉴 2020》

8.2　绿色发展面临的问题

8.2.1　过度开采煤炭，资源面临枯竭

资源储备的制约在很大程度上是能源利用结构同资源禀赋结构矛盾的表现。铜川市工业发展过度依赖煤炭，产业结构单一，产品链较短，严重制约了其经济发展的空间和时间。铜川市人民政府发布的《铜川市矿产资源总体规划》显示：铜川市煤炭保有储量为 27.31 亿 t，无法开采量为 15 亿 t，实际可被开发利用的储量仅剩 12.31 亿 t。虽然铜川市煤炭储量大，但是按其产能增长情况，煤炭资源将面临枯竭。

8.2.2　生态环境脆弱，环境承载力小

随着自然资源的开发利用，环境容量与经济发展的矛盾日益突出。铜川市由于工矿业长期粗放式发展，产生了大量的工业废水，这些工业废水排入河流及地下水，直接或间接地污染了饮用水。铜川市存在水资源缺乏、河流生态基流奇缺、水循环利用率低、

水生态环境脆弱、局部水污染严重、出市断面水质不稳定等问题。由于污染严重，铜川市水质目前虽尚可满足工农业生产要求，但已不能作为饮用水源，亟须控制排污。

铜川市煤炭、建材、火电、有色等传统产业的区域发展与生态环境承载力矛盾突出。2019～2020 年，铜川市工业废气年排放总量已经突破 1400 亿 m^3（陕西省统计局和国家统计局陕西调查总队，2020，2021）。此外，铜川市的工业固体废物产生量大，综合利用率低，对大气及土壤危害深远。煤矸石、石膏、粉煤灰虽然属于一般工业固体废物，但其本身及其浸出液中含有毒有害的化学成分，对环境的污染是潜在的、长期的，对辖区内的水体、土壤和大气造成了一定的危害。例如，长期煤炭开采过程中，煤矸石在干燥的环境中易发生自燃，极易造成环境污染事故。

8.2.3 产业结构单一，经济发展缓慢

产业体系制约具体表现为产业单一，接替产业成长缓慢。铜川市目前依然走的是资源产品数量扩张的老路子，对资源的开发利用是粗放的和一次性的，经济发展对资源有着高度的依赖，第一产业和第三产业发展滞后，接续产业弱小。传统产业深加工产业链没有形成，综合利用技术等发展缓慢，产品科技含量和附加值低，使产业结构矛盾更为突出，资源优势也得不到充分发挥。在产业体系的制约下，城镇经济发展面临衰退的风险，经济的衰退将导致基础设施和公共服务的建设放缓，同时也将导致人均收入降低，进而引起劳动力流失。

8.3 绿色发展建议

8.3.1 资源多元开发，城市低碳发展

（1）推动能源产业多元化发展。以清洁低碳为发展方向，构建多元化能源产业体系。

（2）优化煤炭产业结构，逐步推进年产 60 万 t 以下煤矿参与减量重组或关闭退出。支持精洗煤企业智能化改造，实现全过程绿色化生产，优化产品结构，确保 1500 万 t 洗煤产能释放、提质增效。

（3）合理布局基地化规模化光伏和风力发电，积极推动农林生物质发电，探索应用

"风电 + 储能""光伏 + 储能""分布式 + 微网 + 储能""大电网 + 储能"等，实施不同技术类型、不同应用场景储能示范项目，打造关中储能基地。加快微电网建设，引进能源互联岛供给模式，构建节能、降本、绿色的能源综合利用生态体系；实施特来电充电网和充电生态圈及新能源微电网项目，建设智能充电设施示范城市。

8.3.2 改善环境质量，推进绿色发展

1. 改善大气环境质量

坚持多污染物协同控制和区域协调治理，以产业结构、能源结构、运输结构和用地结构调整为抓手，突出细颗粒物、臭氧协同控制，切实抓好挥发性有机物（VOC）和氮氧化物（NO_x）协同减排，完善城镇大气环境综合管理体系。科学实施重污染天气重点行业绩效分级管控，强化源头治理，持续推进减排、抑尘、压煤、治车、控秸，巩固"散乱污"企业治理成果，推动全市建材等行业实施超低排放改造，大力推进低（无）VOC 原辅材料替代，开展重点行业 VOC 污染整治，推动冬季取暖清洁改造、高排放柴油货车和非道路移动机械达标治理。到 2025 年，$PM_{2.5}$ 平均浓度持续下降、环境空气质量明显改善。

2. 改善水环境质量

持续推进工业水污染防治，严格把控区域环境准入条件，严格控制新建、扩建高耗水、高污染项目，实现工业园区污水收集处理全覆盖。推进污水管网建设与改造，加快老城区雨污分流改造，提高污水、污泥处理效率。强化黑臭水体综合整治，建立黑臭水体动态管理机制，确保黑臭水体"长治久清"。大力实施地下水污染防治，开展工业园区地下水环境状况调查，加强地下水源头预防，切实保障地下水环境安全。强化农业农村水污染综合防治，加强河流沿岸城乡污水处理设施建设，强化流域农业面源污水管控。分类别做好水体保护，加强城镇与农村的饮用水水源保护。

3. 推动大宗固体废物贮存处置总量趋零增长

围绕"无废城市"建设目标，完善城市、区域层面固体废物综合管理制度，健全固体废物信息化监管体系。在重点行业实施工业固体废物排污许可管理，严格控制工业固体废物增量，逐步解决工业固体废物历史遗留问题。推动煤矸石、粉煤灰、建筑垃圾等大宗工业固体废物的综合利用。持续开展"清废"行动，以印台区环保产业园资源综合利用及水泥窑协同处置为依托，放大垃圾综合利用"铜川模式"效应。

8.3.3　发展高新产业，加快经济转型

1. 推动优势产业链群化高端化壮大发展

加快铝产业补链延链强链。以循环化、高端化、集群化为导向，在延链提质上下功夫，不断延伸"煤—电—铝合金材料—铝精深加工及下游应用"产业链，实现资源的就地转化和集群化发展，延伸铝加工产业。进一步延伸产业链、提升价值链、融通供应链，打造"电解铝—高精板带箔—航天军工用铝""电解铝—挤压铝基管、棒线型材—建筑工业线材型材""电解铝—锻压铝合金及粉末—通信设备结构件和汽车零部件""电解铝—铝合金铸件—汽车轮毂、发动机等"四个产业链，打造以铝终端产品为核心的集群化、循环化产业体系，建成西部具有影响力的高端铝产业精深加工基地。

提升高端装备制造产业竞争力。积极融入关中万亿级先进制造业大走廊，实施关键核心技术攻关工程，提升制造业核心竞争力，以高质量供给、增强供应链自主可控能力为目标，做优"陕西制造、铜川配套"。

（1）汽车零部件。深化与整车龙头企业合作，建成铜川市绿色铸造产业园，重点发展车桥、车轮、制动等系统零部件产业，建设商用车轮垂直配套产业基地。发展汽车零部件表面处理产业，建设绿色环保表面处理产业园。布局新能源汽车动力电池、电机、电控等关键零部件产业化项目，构建动力系统、底盘类、汽车电子三大领域制造全产业链，提高省内配套率。

（2）煤矿设备。支持西安市代表性企业做大做强，建设新型工业化矿山机械装备产业基地，重点生产煤炭综采综掘设备、洗选加工装备、高端矿山装备和煤矿机械再制造产业。

（3）电力装备。重点支持发展特高压、特超高压和高温超导电缆，积极开发船用电缆、车用电缆、航空航天领域用电缆、城市轨道用电缆等专用电缆、特种电缆，打造全省电力装备高端电缆配套基地。

2. 推进高新产业特色化规模化布局培育

做优新材料产业。围绕高性能金属材料、先进化工材料、无机非金属材料等先进基础材料，高性能纤维及复合材料、新能源材料、高性能磁性材料等关键战略材料，以及高端碳材料、先进纳米材料等前沿材料，率先在铝基、镁基、碳基、陶瓷基复合材料上取得突破，强化"陕西制造"高端材料保障。

做精光电子集成产业。以新材料产业园为重点，发挥有关企业的带动能力，加快发展电子信息制造产业，加快构建存储芯片设计、制造、封测完整产业链，提升产业集聚

化发展水平。

做强商业航天产业。①卫星测运控服务。建成测运控网二期项目，加快测控站建设，形成 1500 颗低、中、高轨卫星在轨测控的服务能力，打造商业卫星测控中心。②卫星数据应用服务。以陕西航天科技产业发展园区为依托，着力打造中国（铜川）商业航天城核心片区，建立军民对地观测数据共享交换分布式中心节点，建成军民融合数据备份中心、陕西高分数据中心分中心，构建空天地一体化信息网络，打造多网融合时空信息服务产业。

第9章

凤县人居环境
————————
绿色发展建议

9.1 人居环境概况与特征

    凤县，古称凤州，地处秦岭腹地，嘉陵江源头，隶属陕西省宝鸡市，位于陕西省西南部，东与太白县毗邻，南与汉中市留坝县、勉县接壤，西与甘肃省陇南市两当县相连，北与陈仓区、渭滨区相邻（图9-1）。县域面积为3187 km²，辖9镇、66个行政村、4个社区，户籍人口共9.09万人（凤县人民政府，2021）。

0　50 100 km

图9-1　凤县区位图

    凤县是陕西省两个全国文明城市之一，全国首批新时代文明实践中心建设试点县和全国乡村治理体系建设试点单位，是全国首批国家生态文明建设示范县、全国第五批"绿水青山就是金山银山"实践创新基地、全国绿色矿业发展示范区。

    根据《2021宝鸡市水资源公报》，2021年凤县水资源总量为1.1亿 m³，人均水资源量为148.19 m³，低于省会西安市（451 m³）和全国平均水平（2098 m³），也低于国际公认最低需水线（1000 m³）（图9-2）。但凤县的水资源补给量及水力资源并不匮乏。凤县属于长江流域，境内有长江一级支流嘉陵江源头，还有安河、小峪河、旺峪河、中曲河、长坪河等河流水系。2021年，凤县年平均径流总量为11.57亿 m³，此外凤县还有1.92亿 m³的地下水天然补给量。全县枯水期（2月）

流量达0.02 m³/s以上的河流共49条，水力资源理论蕴藏量为9.186万 kW，按梯级开发方案可兴修各类水电站66座，总装机容量达1.2987万 kW。

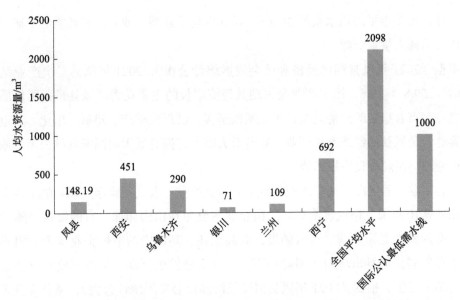

图 9-2　凤县人均水资源量与西北省会（首府）城市、全国平均水平、国际公认最低需水线比较
资料来源：《2021 宝鸡市水资源公报》

根据《2021 宝鸡市水资源公报》，2021 年凤县年平均降水量为 679.1 mm，略低于全国平均水平（691.6 mm），呈现降水集中、分布不均的特点。

根据《2020 年宝鸡市水资源公报》，2020 年凤县年用水总量为 1070 万 m³，占宝鸡市总用水量的 1.49%，水资源主要用于农业、工业和居民生活（图 9-3）。凤县是中国花椒之乡、林麝之乡，盛产凤椒、苹果、中药材、食用菌等特色产品，导致农林畜牧业用

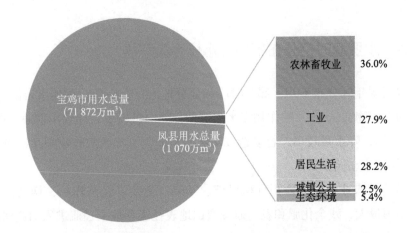

■ 其他　■ 农林畜牧业　■ 工业　■ 居民生活　■ 城镇公共　■ 生态环境

图 9-3　凤县用水量占宝鸡市用水总量占比及用水结构图
资料来源：《2020 年宝鸡市水资源公报》

水占主导，占多年平均用水量的 36.0%。凤县也是矿业型工业县，高耗能的采矿、冶炼企业也会消耗大量水资源。

根据《2021 年凤县国民经济和社会发展统计公报》，2021 年凤县三次产业结构比为 10.7 ：59.8 ：29.5，第二产业是拉动其经济增长的主要动力。凤县是我国优质花椒产地之一，有着稳定的经济效益；工业基础坚实，已形成矿产、建材、植化、水电四大产业集群，是凤县的经济支柱产业；旅游潜力巨大，拥有通天河国家森林公园等旅游胜地，产业经济呈现优良发展态势。

凤县工业化程度深、地形地貌导致工业污染严重，大气不流通。凤县的工业多年来主要依赖矿山开采、精选、冶炼。矿山企业多分布在山山峁峁，有的设备简陋、乱采滥挖，有的安全意识淡薄、事故频发，而高能耗、高污染的冶炼企业也大大阻碍了凤县的工业发展。凤县市区位于秦岭脚下，空气不易发生流动，工业排放易导致雾霾等大气污染的发生。根据《2021 年凤县国民经济和社会发展统计公报》，凤县优良天数共359 天，占比为 98.36%，2021 年全国 339 个地级及以上城市平均空气质量优良天数比例为 87.5%，凤县高于全国平均水平。根据《2019 年陕西省生态环境状况公报》，2019 年陕西省各市（区）环境空气质量综合指数平均值为 5.01，凤县为 3.42，低于全省平均水平。

9.2 绿色发展面临的问题

9.2.1 水资源时空分布不均，水体污染严重

凤县水资源年际分布不均，部分时段和部分地区存在一定程度的水资源短缺现象，主要表现为农作物在 3~5 月的作物需水关键期，降水量较少，导致作物缺水现象严重，在 7~9 月之间，降水量较多，容易造成涝灾甚至渍灾，导致农作物根系缺氧，作物减产，严重时甚至造成绝产。

凤县是传统农业县，大面积种植凤椒、苹果、党参等经济作物，均临河种植，化肥、农药施用量大，残余化肥和农药通过农田地表径流和地下径流进入周边河流，导致水体富营养化。

9.2.2 产业结构不完善，过度依靠矿产资源

凤县地处秦岭深处，矿产资源和生态资源丰富，长期以来，地区生产总值和财政收入的 80% 以上来自矿产企业。然而，面对国内外宏观经济下行和秦岭生态环保的双重压力，凤县亟须改变过度依赖矿产资源的经济发展方式。

凤县的铅锌、黄金等金属和硅石等非金属资源储备丰富，但它们都是不可再生资源。然而，凤县当前尚未形成具有足够接替能力的新兴产业，并且转型之路还很长，加快新兴产业的发展成为重中之重。

凤县的产业结构突出地表现为单一矿产资源消耗型的采、选、冶产业链，根据《2020 年凤县国民经济和社会发展统计公报》，2020 年凤县规模以上工业增加值增长了 9.6%，主要工业产品中"锌精粉含锌量"、"硫酸"、"铸铁件"和"黄金"均呈现出 25.7%~59.9% 的大幅度增长，说明石化工业、采矿业和冶金业仍是凤县的主要发展产业，但这些均属于高污染、高耗能行业。

露天采矿、开挖、废渣堆置等行为侵占了大量土地，破坏了森林植被，造成生态环境污染和水土流失。以往无序开采形成大规模采空区，造成频繁的滑坡、塌陷等地质灾害，安全事故不断。

9.2.3 能源调配设施不完善，新能源产业缺乏层次

能源基础调配设施的建设有待加强，气电调峰能力与新能源快速发展需求不匹配，各类能源互补不足；新能源装备制造产业发展层次较低，延链补链不足，同质化、低水平项目较多。

9.3 绿色发展建议

9.3.1 优化供用水结构，大力推进智慧水利建设

为增强凤县水资源配置和供水保障能力，需在对现状水源供水能力挖潜基础上，加快重大水源工程及配套工程的建设进程，比如新建水库水源工程、自来水厂改扩建等，提高全县供水保证率。

建立凤县水务信息化中心，进一步加强对凤县区域水情监控和高效管理，提高水资源的利用效率和水旱灾害的防御能力，保障水安全和经济社会的可持续发展。

9.3.2 加快产业结构转型升级，改变能源使用结构

整合精减小型矿山企业，彻底消除矿山的安全隐患，关停金属冶炼、建材制造等高消耗、高排放、难循环、低产能行业的小规模企业，实行差异化发展路径，从税收、财政、土地等方面给予节能环保型行业企业支持，大力引进高科技型、高附加值的节能环保型产业。

企业应改变能源使用结构，加强废气处理设施建设。对于新建设的单位，要求建设初期必须按照标准设立废气处理设施，使排放的废气达到国家废气排放标准。企业通过降低能耗、建设废气处理设施、采用燃煤脱硫技术、提高能源的利用率和废气处理率，降低废气的危害。

9.3.3 发挥资源优势，推进经济社会绿色低碳高质量发展

充分发挥资源禀赋优势，进一步提升可再生能源应用比例，大力发展分散式风电技术与应用，形成分布式与集中式相互融合的新能源发展格局。

依托已有的产业基础和要素资源，积极培育发展新能源装备制造、新能源电池等产业，全力推进经济社会绿色低碳高质量发展。

第 10 章

延安市人居环境
绿色发展建议

10.1 人居环境概况与特征

10.1.1 城市基本概况

0 50 100 km

图 10-1 延安市区位图

根据《延安统计年鉴 2021》，延安市是西北五省（自治区）中陕西省辖地级市，位于陕西省北部（图 10-1），距省会西安市以北 371 km，平均海拔 1200 m 左右，属于暖温带半湿润易旱气候区。地处黄河中游，黄土高原丘陵沟壑区，北部以黄土峁、沟壑地貌为主，南部以黄土塬沟壑地貌为主，地势方面，西北高东南低，市总面积达 3.7 万 km²，常住人口为 226.93 万人，城镇化率为 61.80%。延安市现有水资源共 20.5 亿 m³，其中含地下水 7.79 亿 m³，用水总量为 3.1 亿 m³，人均用水量为 138.39 m³，与西安市人均用水量（141.38 m³）基本持平；在用水结构方面，以农林畜牧业用水（32%）、工业用水（35%）、居民生活用水（23%）为主。延安市地区生产总值为 2004.58 亿元，延安市以第二产业为主，是典型的资源型城市，也是我国重要的能源储备基地，其中天然气储量为 5764 亿 m³、煤炭储量为 14.58 亿 t，具有打造千亿级石油天然气、煤炭电力、能源化工等产业集群的巨大潜力。延安市境内有各类文物遗址 8545 处，其中革命遗址 445 处，并具有我国保存最完整、面积最大的革命遗址群。作为黄河生态保护和高质量发展先行区，延安市累计退耕还林 1077.5 万亩 [①]，森林覆盖率达到 53.07%，植被覆盖率达到 81.3%，主要河流全部消除劣 V 类水质。2020 年，延安市借助国家新型城镇化试点任务，完成了以延安市中心城区为中心的四级城镇体系建设，全面推进 488 个城镇老旧小区改造以及棚户区改造，将"城市双修"经验推向全国。

10.1.2　城市发展定位

延安市是中华文明的重要发祥地，是中国红色革命圣地和革命精神标识地，是国务院首批公布的历史文化名城之一。延安市自然和人文资源丰富而独特，包括黄帝陵、红色文化遗产、黄河壶口瀑布、陕北黄土风情文化等丰富资源，延安市孕育了延安精神，是全国爱国主义教育基地、革命传统教育基地和延安精神教育基地，是我国"双拥运动"（拥军优属、拥政爱民运动）发祥地及国家优秀旅游城市，享有"中国革命博物馆城"的美誉。

10.2　绿色发展面临的问题

10.2.1　能源消费落后，能源发展结构单一

能源消费落后。根据《延安统计年鉴 2021》，延安市有着丰富的矿产资源和可再生能源，从储量来看，延安市的化石能源资源较为丰富，其中天然气的能源储量占全省总储量的 51.94%，煤炭储量占全省总量的 4.96%，延安市丰富的能源产量和能源供给使其成为陕西省重要的能源基地。受限于城市规模、人口总量和经济发展水平等因素，延安市面临能源消费落后的现状，能源消费量在全省总量中均占比较低，均未达到全省消费总量的 20%。

能源发展结构单一。延安市的化石能源产量较高（表 10-1），其中原油年产量占全省总产量的 40.24%，原煤和天然气年产量较高，分别占全省总量的 7.96% 和 26.20%。可再生能源发电量与全省其他地市相比则较为落后，仅风能年发电量较为可观。非可再生能源产量高，但就地转化率低、产业链短，每年将近 600 万 t 原油和 3000 万 t 煤炭资源外运，资源挖潜不足，使得能源产业附加值不高，能源产业亟须高质量清洁化发展。

---

① 1 亩 ≈666.67 m^2。

表 10-1　2021 年延安市能源生产总量情况

项目	原煤年产量 / 万 t	原油年产量 / 万 t	天然气年产量 / 亿 m³	太阳能年发电量 / (亿 kW·h)	风能年发电量 / (亿 kW·h)	水力年发电量 / (亿 kW·h)
延安市	4 639.87	1 467.66	80.46	1.129 5	23.25	0.45
陕西省	58 259.23	3 646.87	307.11	——	——	——
占比 /%	7.96	40.24	26.20	——	——	——

资料来源：《延安统计年鉴 2021》《陕西统计年鉴 2022》

10.2.2　人地矛盾突出

人口数量增长与城市用地拮据矛盾突出。延安市是典型的黄土丘陵沟壑河谷型城市，集中建设区域位于河谷交汇之处，并沿河流呈枝状发展，腹地深入山坳，城市建设用地容量严重受限（《延安市城市总体规划（2015—2030 年）》中提出，至 2030 年前，城市用地容量仅为 80 km²，随人口数量的增长，安塞区人口已达到 64.1 万人，当前建成区总面积为 54.55 km²，人均城市建设用地面积为 85.1 m²，已达到城市人均用地面积标准下限），老城区用地规模扩展压力较大，迫使城市建筑密度、高度和体量不断增大，其结果是城市拥挤程度上升，城市人居品质下降。

公共服务效率低下。首先，受到独特地理形态的影响，城市沿三条川道发展，城市基础设施配套均衡性、完整性受到一定影响。延安市文地率仅为 0.91%，文化空间总量稀少、种类不全，且分布较为集中（图 10-2），无法满足城市居民文化生活便捷性和多样性的需求。其次，城市绿地空间稀少、品质较低，绿化基础设施配置不足。延安市缺乏公园绿地与广场公共空间，道路绿化、生产绿地、防护林带和集中绿地的规模较小、分布不均。同时，现状公园绿地、广场绿地缺少地域文化的展现，文化表达方式直白、简单，绿化布置形式缺乏自然、灵动的节奏与韵律感，绿地品质亟待提升。城市绿地基础设施不足，对于绿地缺乏管理用房、售卖点、休憩点、观景点、解说展示设施、厕所、垃圾箱等服务设施，居民和游人使用不便，体验感较差。最后，延安市交通设施受限于河谷地形，长距离通勤的压力巨大。延安市特有的山川地貌呈现以东、西、南川道为主导的交通走廊态势，形成了典型的沿川道通行的交通特征，三大交通通道汇聚到中心城区后再沿川道向外发散（图 10-3），各川道内的交通主要依靠内部的几条干路组织交通，造成干路交通压力大、城内城外道路连接不畅、环线未打通，形成了多个交通瓶颈。交通网络中的主干道存在"断头路"，一些次干路和支路建设滞后，中心城区网状道路还没有形成，整体通达能力低，交通效率难以得到保证。

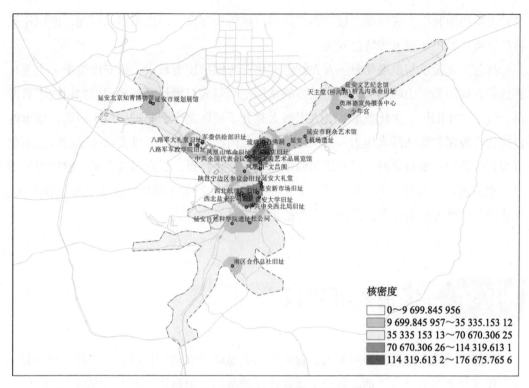

图 10-2 延安市城市主城区文地分布图
资料来源：依据网络开源数据 POI 绘制

潜在安全风险高。延安市位于西北内陆黄土高原腹地，鄂尔多斯盆地边缘，地形地貌复杂多样，境内沟壑纵横、川道狭长、梁峁遍布，靠近以沙地著称的榆林市靖边县，处于毛乌素沙漠边缘，境内土壤多为松散黄土，易扬尘，旱灾、冰雹、霜冻、大风等自然灾害频发。暖温带大陆性季风气候使得延安市在夏季多发暴雨，同时湿陷性黄土的雨季易崩解塌陷特性让城市在雨季内涝严重。延安市主城区雨水管网覆盖率较低，老城区建成管网大部分为雨污合流，管道铺设分散，达标率较低，没有建成系统的雨水管道，使得海绵城市的推行受阻，城市内涝情况无法得到明显改善。

10.2.3 城市品质与特色亟待提升

城市山水格局逐渐紊乱，景观风貌特色缺失。延安市呈现"三山鼎峙，二水带围"的城市空间格局。城市建筑高度不断提升，影响了山脊线的完整性，阻碍了传统山水轴线的延续，导致城市景观视觉序列失调，打破了延安市老城以山、塔、河为核心要素的城市轮廓线的秩序，弱化了山环水抱的古城空间特征。城市景观风貌混乱，特色缺失。

老城发展逐渐脱离本底环境，过度追求城市内核的快速发展，疏于组织管理，地域建筑特色凋敝，城市景观风貌特色缺失。

红色文化传承与发展受限。首先红色文化资源保护压力较大，延安市位于一个狭长的地带，周围是三山两河的环绕，城市的发展空间与人口增长日渐显现出尖锐的矛盾冲突，城市文化旧址、文化遗址、名人旧居大都处于城区之中，临近居民生活区，城市红色文化资源保护面临巨大压力。其次是红色文化内涵挖掘不足，延安市丰厚的红色历史资源在转化为旅游资源时，其开发呈简单化、程序化特点，景点形式雷同、整体规划不足，旅游规划、项目开发、宣传促销、产品研制开发等工作滞后，文化发展创新不足，文化产品的额外价值较低，造成了资源的浪费。

10.3 绿色发展建议

围绕"推动圣地延安转型发展、促进山水人城融合互动"目标，以"黄＋黑＋红＋绿"模式打造多彩革命圣地。黄色土地延续民族基因，黑色资源助推延安腾飞，红色旅游展现圣地风采，绿色生态筑牢安全屏障。以科学规划为引领，以生态修复为基础，以改造提升为途径，以完善功能为根本，以健全机制为保障，推进延安市绿色发展路径探索，走出黄土高原生态脆弱地区城市可持续高质量发展新路子。让黄色更富底蕴，让黑色更可持续，让红色更著情怀，让绿色更具韧性。

10.3.1 规避资源优势陷阱，优化产业结构

持续优化产业结构，通过积极优化生产组织、引进高新技术、探索合作方式，进一步挖掘能源产业转型升级；积极建设综合能源基地，发挥多种能源组合优势，统筹当地需求与跨区外送，加强资源高效加工转化和综合协调利用，大力培育新技术、新产业、新业态、新模式，实现能源多轮驱动；大力培育储能产业新业态，探索建立延安市集中共享储能产业发展模式，规划布局集中式共享储能电站，电站上游配套电池装备制造产业，下游配套电池梯级利用、安全检测技术服务等相关产业，促进培育延安市储能行业新业态产业链发展；建设综合服务产业园，围绕能源交易、物流仓储、能源化工、装备制造、新材料，引进第三方、第四方物流企业并推进保税仓建设，探索发展供应链管理和智慧物流。

10.3.2 提升公共服务效能,疏解旧城职能

"保护圣地,疏解老城,建设新区"是延安市破解地形瓶颈,实现跨越发展的重大战略。老城主要以恢复和塑造圣地历史风貌为导向,通过老旧小区、棚户区改造,以及公共服务设施、基础设施优化等举措改善城市生活环境,提升居民生活品质;同时通过开辟新区,吸引旧城人口,缓解旧城压力。新区则主要按照"产城融合、职住平衡、生态宜居、交通便利"的要求进行区域定位,实现新旧协同发展;根据城市人口变化趋势,合理规划配置教育资源,构建普及普惠、安全优质、多元包容的教育服务体系;以高标准、高质量为导向,加快优质医疗卫生资源向新区扩容下沉;不断推动社区机构养老和医疗服务的深度融合,积极推进老年友好型社区建设;并以红色资源为依托,加强文化空间建设,完善文体设施服务网络,积极推动新区文体旅游服务领域的优质发展。

10.3.3 提高城市应急能力,锻造韧性城市

延安市自然灾害问题以"旱涝急转"及其引起的城市内涝、中小河流洪水及塌方、滑坡、泥石流等地质灾害为主。除防汛抗旱以外,兼顾地震、城市固体废弃物、开挖工程、水文地质环境等灾害。以科学规划为先导,提升基础设施韧性,打造布局合理、响应及时的基础设施体系;以规制建构为重点,提升制度韧性,通过规范化的制度落实统一指挥、统一协调、统一调度的城市全周期责任体系;以转型升级为抓手,提升经济韧性,构建智能高效、以小带大、上下协同的重点产业链保障体系;以增权赋能为支撑,提升社区韧性,建设组织有序、信息共享、恢复有力的社区城市基层组织班底和基础治理单元。

10.3.4 重塑山水空间格局,彰显革命圣地魅力

以"三山鼎峙,二水带围"的山水格局为基础,保护革命旧址的山体,恢复并重绘老城历史环境风貌。坚持生态优先,推进绿色围城、绿水映城和海绵建城,注重微创提升,实现人景城良性互动。以革命精神标识宝塔山为核心,开展城市设计,打通东、西、南方向视线通廊,重塑城市空间格局;以革命旧址为节点,恢复历史风貌,强化协调片区建筑风格,串联形成城市脉络;以街区改造为抓手,推进城市有机更新,融入历史元素、红色符号、黄土文化特征,留住古城记忆,提升城市品质,彰显圣地魅力。

第 11 章

兰州市人居环境
绿色发展建议

11.1 人居环境概况与特征

兰州市为 I 型大城市（2021 年城区常住人口为 303.13 万人[①]），依黄河而孕育，中心城区处于河谷盆地，是典型的河谷型城市。背倚甘、青、藏、新，面向陕、宁、内蒙古，连接川、滇、黔广大腹地，地处西陇海兰新经济带，是西北地区发展的战略性节点、新亚欧大陆桥的枢纽，是西北五省（自治区）内的重要经济中心和综合型城市。

11.1.1 地形地貌

兰州市位于陇西黄土高原的西部，是青藏高原向黄土高原的过渡地区。境内大部分地区为海拔 1500～2500 m、黄土覆盖的丘陵和盆地。其石质山地是祁连山的余脉，分布在市域的南北两侧。榆中县南部和永登县西北部的石质山地海拔都在 3000 m 以上。兰州市地势西南高、东北低，黄河由西南流向东北，切穿山岭，形成了峡谷与盆地相间的串珠状河谷地貌，造就了复杂的地理环境。河谷地貌区内河流、盆地、丘陵和山地交错分布，一系列山脉将整个区域分割为不同的地域单元（图 11-1）。

11.1.2 城市空间形态

城市建成区分布在黄河河谷盆地内，城市发展主轴沿主河道伸展，呈西北—东南走向，具有典型的"两山夹一河"带状城市空间结构特征。主城区在河谷的第二、第三级阶地上先行发展，再逐渐向外围、山上延伸分布（图 11-2）。

---

① 资料来源：《2021 年城市建设统计年鉴》。

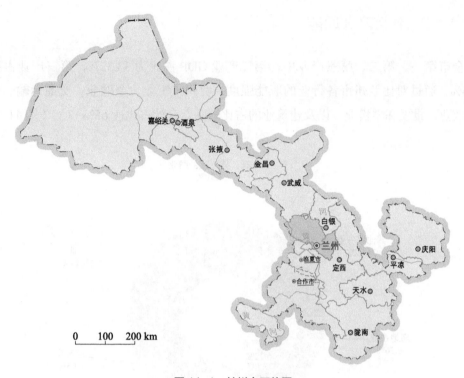

图 11-1 兰州市区位图

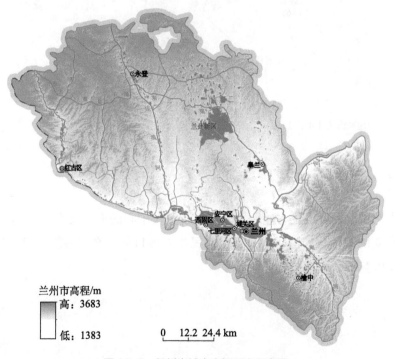

图 11-2 兰州市城市空间形态示意图

11.1.3　经济产业职能

全市第一、第二、第三产业中，第二产业 GDP 占比为 33.32%，第三产业占比达 64.86%。通过对比兰州市各行业的职能强度，兰州市工业，金融业，交通运输、仓储和邮政业，批发和零售业，以及建筑业的占比较高，合计占比达 65% 以上（图 11-3）。

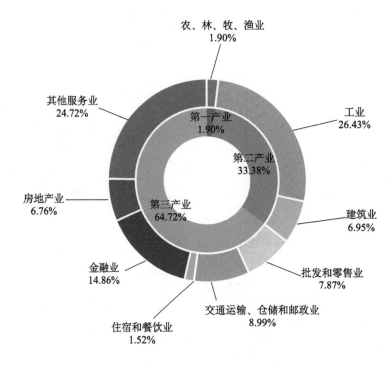

图 11-3　兰州市各产业 GDP 占比

资料来源：《中国城市统计年鉴 2019》

11.1.4　城市发展定位

兰州市的城市发展定位为丝绸之路经济带黄金中心的重要支点，"一带一路"辐射中亚西亚南亚的现代化、国际化大都会，民生发展目标为文化科教名城、康养乐享兰州、宜业宜居兰州、和谐平安兰州。

11.2 绿色发展面临的问题

11.2.1 城镇发展受自然本底约束，建设用地过度占用河谷

兰州市地处西北生态脆弱区，受狭长封闭的河谷地形地貌的限制，城市建设用地不足。随着新一轮城市发展进程与存量更新的推进，城镇在河谷盆地中过度聚集、带状蔓延，人们甚至削山建城，改变地形地貌，导致脆弱敏感的自然环境受到威胁，加剧了人地矛盾。

兰州市主城区具有典型的带状城镇空间特征，在狭窄的河谷廊道与脆弱的生态本底约束下，城镇缺乏可拓展的空间腹地。在城市发展与较大的土地扩张需求下，组团间用于空间隔离的绿色生态廊道被城乡开发建设"蚕食"（图 11-4）。黄河河谷中城镇用地形态的填充度达 83.7%，城镇建设用地的网格分维数达 1.69[①]。

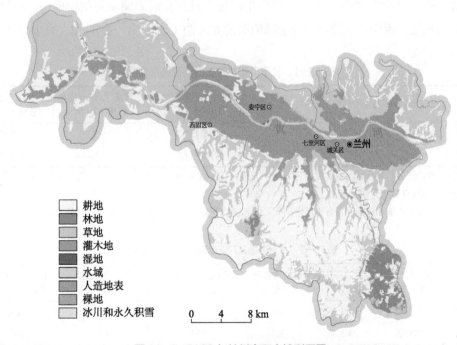

图 11-4 2020 年兰州市区土地利用图

---

① 土地数据来源：GlobeLand30 数据集（http://gis5g.com/data/tdly/tdlyother?id=229）。

首先，河谷中城市用地的过度扩张及高强度开发切断了山体与河道的联系，自然循环断裂，导致水系循环受阻与水体污染超标，也加剧了山体塌方的风险。其次，城区集中分布于河谷盆地中，空气流通不畅，不利于污染物的扩散，导致兰州市区大气污染问题突出。最后，在河滩阶地、丘陵坡地上的过度开发建设，破坏了黄河河谷盆地原有的生态安全景观格局。

11.2.2　工业能源消费量高，废弃物量大且处理率低

1. 能源消费量高，供需不平衡

作为省会城市，兰州市能源供需不平衡，能源消费量较高，整体供小于求。此外，兰州市的可再生能源开发利用率低，尽管拥有丰富的太阳能和风能资源，但受自然环境、土地面积的影响，风电、光伏无法大规模布局，太阳能和风能的年发电量在西北五省（自治区）各市中均居于后位。

2021 年，兰州市能源生产消费比为 0.354，即能源产量小于消费量，表明能源供需不平衡。兰州市的能源年产量占全省总量的 10.30%，而能源年消费量占全省能源年消费总量的 27.34%，能源年消费量远大于能源生产量，且存在能源储备类型较单一、区域发展不平衡的现象，因而，兰州市部分能源消费需要外购（表 11-1、表 11-2、表 11-3）。

表 11-1　兰州市和甘肃省的能源储量情况

地区	煤炭/亿t	石油/亿t	天然气/亿m³	太阳能（太阳年总辐射量）/[（kW·h）/m²]	风能（70 m 高度风密度）/（W/m²）	水能（水资源总量）/亿m³
兰州市	9.05	—	—	1 450	225	3.67
甘肃省	15.31	39 560.97	588	1 636.62	229.64	408

资料来源：《2021 年中国风能太阳能资源年景公报》、《2021 年甘肃省水资源公报》、《2020 年全国矿产资源储量统计表》、2021 年度《中国水资源公报》

注：甘肃省太阳能和风能储量数据由全国太阳能和风能储量数据、甘肃省和全国面积计算得出

表 11-2　兰州市和甘肃省的能源生产量情况

地区	原煤年产量/万t	原油年产量/万t	天然气年产量/亿m³	太阳能年发电量/（亿kW·h）	风能年发电量/（亿kW·h）	水力年发电量/（亿kW·h）
兰州市	515.02	911.3	—	—	0.97	28.92
甘肃省	3859	968.7	3.9	133	246	507

资料来源：张万宏（2021）、《2021 年兰州市国民经济和社会发展统计公报》、《甘肃发展年鉴 2021》、《中国能源统计年鉴 2021》、《中国电力统计年鉴 2021》

表 11-3　兰州市和甘肃省的分行业能源消费情况　　　　　（单位：万 tce）

地区	规模以上工业企业能源消费量	建筑业能源消费量	城镇居民生活能源消费量	交通运输、仓储邮电能源消费量
兰州市	1440.23	66.74	135.32	109.74
甘肃省	3498.297	87.29488	478.7471	517.9648

资料来源：《甘肃发展年鉴 2021》《2021 年兰州市国民经济和社会发展统计公报》《中国能源统计年鉴 2021》

注：①建筑业能源消费量由甘肃省建筑业能源消费量、甘肃省建筑业企业房屋建筑施工面积和兰州市建筑业企业房屋建筑施工面积计算得出；②城镇居民生活能源消费量由兰州市常住人口数量、甘肃省常住人口数量和甘肃省城镇能源消费量计算得出；③交通运输、仓储邮电能源消费量由兰州市总家庭户数、甘肃省总家庭户数和甘肃省交通运输、仓储邮电能源消费量计算得出

2. 工业固体废物产生量大，处理量小，易造成二次污染

工业固体废物产生量、处置量和贮存量均逐年升高，但处理量的增速赶不上产生量的增速，表现为剩余量的缓慢增多。近些年工业固体废物的治理未取得实质性的进展，剩余量中除极少部分排放外，其余部分均贮存在各大企业的渣场，而渣场管理的难度因贮存量的增多而加大，若因资金不足或工作疏忽而未对渣场进行及时扩建与维护，毒害物质易对环境造成二次污染。此外，兰州市供电、供暖依靠煤作为能源，因此粉煤灰的产生量较大，且往年储存量难以被充分利用，造成了粉煤灰的大量积累（图 11-5）。

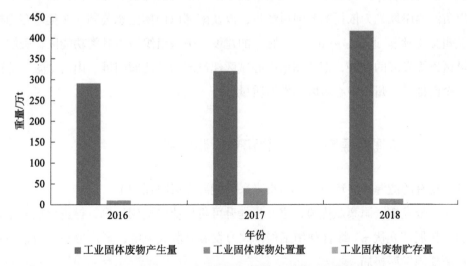

图 11-5　工业固体废物产生量、处置量和贮存量

资料来源：《甘肃发展年鉴》（2017～2019）

11.3 绿色发展建议

11.3.1 探索耦合于地形地貌的城镇形态

遵循人居环境与自然环境有机融合的生态思想与理念,兰州市城乡总体空间格局应采用"整体有机分散、局部紧凑集聚"的组团化空间布局模式,即城乡用地扩展应通过对河谷内中心城镇的适度疏解和两侧小流域内的有限延伸,形成总体尺度上高效、适宜的城乡空间格局。首先,更新优化黄河河谷内城镇组团的存量用地,宜腾让出生态廊道,形成相对稳定、疏密有致的空间形态。其次,重视河谷两侧小流域内空间的有效利用,适度拓展城镇空间骨架,并局部加密城镇近郊或小流域内的组团用地,缓解用地矛盾。

11.3.2 构建河谷型山水城市景观体系

以"依河而居,沿山创景"为兰州市城市空间景观的重要亮点,构建以中山桥为轴线、以黄河两岸风光为依托的黄河风情带,以及南部以山体生态公园、文化遗存为核心的"兰州文化脉"。通过"一带""一脉"的建设,串联组织城市各类功能区,破解当前中心城区连绵发展的趋势,把兰州市中心城区建设成为"北园南屏、山河城融"的山水城市,全面提升兰州市中心城区的发展质量。

11.3.3 加强能源储备、应急和新能源装备

依托现有的能源发展环境,兰州市未来的能源发展路径如下。

(1)充分发挥资源禀赋优势,进一步提升可再生能源应用比例,推进屋顶分布式光伏项目,扩展"光伏+"综合利用工程,大力发展分散式风电,形成分布式与集中式相结合的新能源发展格局。

(2)加强能源储备与应急能力建设,提高石油储备能力,完善调峰储气设施,加大绿色能源消费,积极推进充电桩、新能源汽车、能源大数据、云计算、互联网、人工智能等产业的发展。

（3）依托已有产业基础和要素资源，积极培育发展新能源装备制造、新能源电池及氢能装备等产业，重点构建以光伏、光热、风能装备为核心，以专用设备、交通运输装备和节能环保装备制造业为辅助的循环产业链，全力推进经济社会绿色低碳高质量发展。

11.3.4 进一步提升工业污染治理

强化节能环保指标约束。提高行业环保准入门槛，全面推行排污许可证制度，并实施区域性和季节性排放总量控制，严格控制二氧化硫、氮氧化物、烟粉尘和挥发性有机物等污染物的排放。

淘汰落后产能、工艺和设备。严格按照国家相关规定，综合采取经济、法律和必要的行政措施，加快重污染行业及挥发性有机物排放类行业落后产能淘汰的步伐，倒逼产业转型升级。

实施城区燃煤锅炉"双清零"行动。大力促进地热能、太阳能、生物质能开发利用，积极推广使用轻烃、地源热泵、风冷热泵、光伏建筑一体化。同时，优化天然气使用方式，新增天然气应优先保障居民生活或用于替代燃煤。

第 12 章

天水市人居环境
绿色发展建议

12.1 人居环境概况与特征

12.1.1 区位与定位

天水市东连华中、华东及沿海各地，西通青海、西藏、新疆，直至欧亚大陆桥上的欧洲各国，南通四川、重庆、云南、贵州，北上翻越六盘山便可进入宁夏回族自治区，处于承东启西、连接南北的战略要地（图12-1）。

天水市是关中平原城市群次核心城市、丝绸之路经济带重要节点城市；城市定位为"三城三地三中心"（省域副中心城市、区域性中心城市、关中平原城市群重要城市，特色农产品生产加工基地、先进制造业基地、世界华人寻根祭祖圣地，区域现代科技创新中心、现代交通物流中心、现代商贸服务中心）。

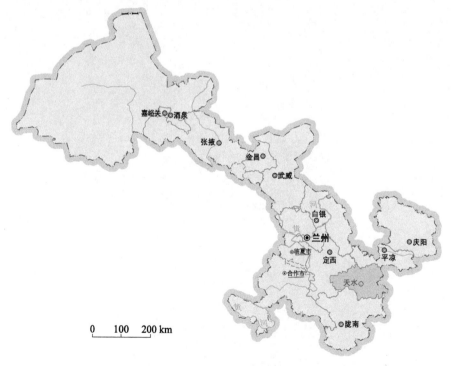

图 12-1 天水市区位图

12.1.2 规模与产业

根据《2021 年天水市国民经济和社会发展统计公报》和《2021 年城市建设统计年鉴》,2021 年天水市为中等规模城市(城区常住人口共 61.87 万人),人口密度较高(207 人 /km²),城镇化率为 46.68%,低于全国平均水平(64.72%);人均 GDP 为 25 279 元,低于全国平均水平(81 000 元)。天水城区人口密度为 8475.34 人 /km²;城市建设用地面积为 60 km²。

天水市在甘肃省内是以经济开发为主的综合型城市。经济基础好、自然条件优越、人文历史深厚、发展潜力大。《2022 年天水市国民经济与社会发展统计公报》显示,全市第一、第二、第三产业中,第一产业占 19.1%,第二产业占 27.1%,第三产业占 53.8%,第三产业成为拉动其经济增长的主要动力。

12.1.3 气候与形态

1. 气候条件

天水市属温带季风气候,城区附近属温带半湿润气候。根据天水市人民政府(2023)发布的《天水市情》,天水市属于大陆性暖温带半湿润气候,年平均气温 11℃左右,年降水量 500 mL 以上,气候适宜,景色秀美,有"陇上江南"之美誉;空气质量优良天数为 350 天左右,达标率为 96%。

2. 地形地貌

天水市东部和南部形成山地地貌,北部形成黄土丘陵地貌。渭河及其支流横贯其中,形成宽谷与峡谷相间的盆地与河谷阶地,在中部小部分地区形成河谷地貌。

天水市境内植被丰茂,天水市人民政府发布的《关于 2021 年全市环境状况和环境保护目标完成情况的报告》显示,2021 年天水市森林覆盖率达 36.84%,小陇山、关山、西秦岭三大林地面积达 1026 万多亩,是西北最大的天然林基地。

天水城区由西部老城秦州区和东部麦积区两区组成,两区相对独立。城市布局沿藉河河谷(秦州区)、渭河河谷(麦积区)呈组团状分布,城市空间沿河呈东西狭长延展,城市形态沿河谷呈一字形。

12.2 绿色发展面临的问题

12.2.1 产业升级缓慢，创新支撑能力不强

要素资源约束日益趋紧。天水市人多地少，山多川少，受"两山夹一川"特殊地形的制约，建设用地不足与经济社会发展矛盾日益突出，承载产业发展和聚集人口能力有限。

交通"瓶颈"制约。民航方面，天水市现有天水军民合用机场，等级低、航线少、吞吐量小；铁路方面，其路网布局和建设不够完善，天平铁路功能单一，客运能力弱；公路方面，其高等级公路占比低，二级以上公路比重仅 6.5%，以天水市为中心的陇东南区位优势、资源优势、战略通道优势在目前条件下尚难以转化成为现实的经济优势。

产业转型升级步伐缓慢。从三次产业结构看，存在一产不强、二产不大、三产不优的问题。天水市农业基础条件薄弱，产业结构性矛盾比较突出；工业方面，天水市自主创新能力和自我发展能力弱，产业技术升级缓慢；天水市文化旅游资源整合开发水平不高，尚未形成在国内极具影响力的精品旅游线路和品牌。

创新支撑能力不强。通过科学技术的创新来推动企业向前发展的意识不强，拥有自主知识产权的核心技术较少，国际知名的品牌不多，科技创新发展战略的制定与实施不够深入。

12.2.2 生态本底脆弱，资源能源保障程度较低

生态脆弱，难以赋能城市高质量发展。渭河流域天水段生态环境脆弱是其固有特征，制约了天水市经济社会的发展。

植被覆盖率低，水源涵养能力弱，影响流域水量补给。渭河流域天水段大部分地区为黄土丘陵沟壑区，植被覆盖率低，生态环境脆弱，水利水保设施不足，存水保水能力较弱。

渭河流域水土流失严重，水资源保障能力弱。洪水威胁严重，治理率不高。《2021年甘肃省水资源公报》显示，天水市人均水资源量（444.7 m³）低于国际公认最低需水

线（1000 m³）。天水市渭河流域水资源量自 2000 年以来呈递减趋势，渭河天水段无调蓄工程，水库供水比例较低。辖区甘谷、秦安、武山等县城仍采用地下水供水，供水能力不足。水生态环境容量减小，水体稀释自净能力差，监测防治能力需要提升。渭河流域天水段河流水资源量季节性变化较大，枯水季节径流量小，流域水体稀释自净能力差，河流季节性污染突出。

能源匮乏，自给能力严重不足。天水市是典型的传统能源资源匮乏型城市，煤炭、石油、天然气等化石能源完全依赖市外调入，能源安全压力较大。但其新能源和可再生能源资源相对丰富，发展潜力较大，目前开发利用水平仍然较低。能源消费增长较快，煤炭占比较大，天然气等清洁能源利用率较低，全市能源系统运行效率不高的问题依然突出，节能降耗的压力较大。

12.2.3 人地矛盾突出，空间品质仍待提升

受自然本底约束，天水市缺乏可拓展的空间腹地，人地矛盾突出。两山夹持的空间地形，迫使天水市建设用地沿狭长的空间进行布局。目前仅形成秦州、麦积两大组团，两区东西向连片发展，但受机场安全管控等因素的影响，两区相对独立。其他南部川道组团功能过于单一，不均衡的空间格局加剧了各组团间沟通联系不畅的问题。空间发展过度集中在秦州老城区，导致中心城区的存量土地日益减少，古城保护压力较大，进而导致天水市难以形成真正的多组团、多中心的城市空间结构形态，难以有效支撑起天水市区域性中心大城市的职能。

复杂的河谷地形是造成天水市污染的主要原因。化石燃料固定燃烧源（工业锅炉、集中供热、民用散烧）为 SO_2、CO 和大气颗粒物的主要贡献源。移动源（道路移动源等）是 NO_x 和 VOC 的主要贡献源，NH_3 排放主要来源于农业源。天水市主城区 SO_2、NO_x、大气颗粒物、CO 和 VOC 的排放高值区主要集中在人口和工业密集的河谷地形内，NH_3 排放高值区分布在周边耕地区域。

城市绿化水平较低，空间特色有待提高。根据《2020 年城市建设统计年鉴》，天水市建成区绿地率为 35.48%，低于西北五省（自治区）平均水平（37.11%），建成区绿化覆盖率为 39.6%，高于西北五省（自治区）平均值（38.86%），人均公园绿地面积为 12.06 m²，低于西北五省（自治区）平均值（14.92 m²），城市公园绿地服务半径覆盖率为 75.6%。全市共有公园 25 个，高于西北五省（自治区）各市公园个数平均值（17 个）。城市绿化水平指标整体来说较低。建成区绿化覆盖率和绿地率距全国平均水平还有一定差距。天水市在城市空间布局上，对南北两山区域景观重视度不够，城市和两山

仍然在各自独立发展，南北两山空间及资源没有得到有效利用。沿河区域建筑体量和高度的设计未充分考虑河谷现状格局。沿河区域出现大体量建筑，导致建筑和山体面积的视觉比例严重失调，同时建筑群组合序列混乱，打破了山体轮廓线韵律，与山体基底格格不入。

民生等公共服务设施空间分布不均衡。由第六章内容可知，天水市公共服务综合评价低于全国平均水平。基于高德地图所爬取的天水市教育和医疗设施 POI 数据进行分析，从市域的公共服务设施空间分布来看，主要集中在秦州区和麦积区两大核心区。麦积区东部、中部地区以及城市边缘地带，教育及医疗服务设施供给不足（图 12-2、图 12-3）。

城市文地率低且文化设施欠缺（表 12-1 至表 12-3、图 12-4）。天水市主城区文地率为 0.1114%，文化用地类型不全，文化用地数量较少，文化服务承载力较弱。对于历史文化资源的活化利用有待加强。

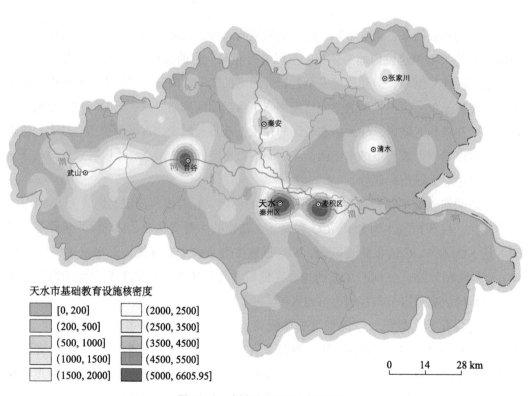

图 12-2 市域教育设施空间分布图

资料来源：基于高德地图所爬取的天水市教育设施 POI 绘制

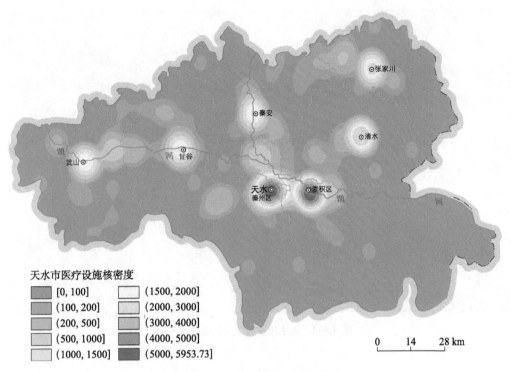

图 12-3 市域医疗设施空间分布图

资料来源：基于高德地图所爬取的天水市医疗设施 POI 绘制

表 12-1 天水市文地率统计表

主城区			新城区			老城区		
文地面积 /m²	城区面积 /m²	文地率 /%	文地面积 /m²	城区面积 /m²	文地率 /%	文地面积 /m²	城区面积 /m²	文地率 /%
104 896.63	94 182 466.30	0.111 4	67 949.55	92 418 558.53	0.073 5	36 947.08	1 763 907.77	2.094 6

资料来源：百度地图开放平台

表 12-2 天水市文化资源统计表 （单位：个）

是否为历史文化名城	历史文化名镇	历史文化名村	历史文化街区	世界遗产	文保单位	非物质文化遗产	总量
是	1	2	0	0	70	58	131

资料来源：百度地图开放平台

表 12-3 天水市文化设施统计表 （单位：个）

博物馆	图书馆	艺术馆、文化馆	纪念馆	文化站	公共体育场	总量
12	8	8	0	5	33	66

资料来源：百度地图开放平台

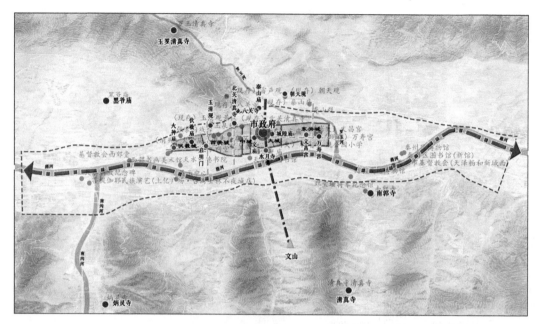

图 12-4　天水市主城区文化设施分布图

绿色发展建议

12.3.1　建设现代化产业体系，深度融合文旅产业

建成"三地三中心"现代化经济体系。构建以优势产业为基础、以生态产业为主导、以现代服务业为支撑的多元化现代化产业体系，做优做精特色农产品生产加工基地，做大做强先进制造业基地，打响全球华人寻根祭祖圣地品牌，构建区域现代科技创新中心、现代交通物流中心、现代商贸服务中心。

着力壮大生态产业。把生态产业作为转方式、调结构、建设现代化产业体系的核心和关键。不断壮大节能环保、清洁生产、清洁能源、循环农业、中医中药、文化旅游、通道物流、数据信息、先进制造等产业的规模和核心竞争力。

推动文旅深度融合发展。依托丝绸之路大文旅格局，联动丝路文化旅游圈、黄河流域文化旅游高质量发展带、六盘山红色旅游生态旅游板块、成渝地区文化旅游圈等，加强跨区域文旅合作。统筹推进全域旅游。打造精品景区景点和旅游线路，保护传承地方特色文化，完善公共文化设施建设，建设文化强市。

12.3.2　水资源均衡高效配置，推动绿色发展转型

增强水资源供水保障能力。全面加强城乡水源工程建设，加快水利基础设施建设，如引洮供水工程、曲溪城乡供水工程等；建设全域水网，以民生水利、资源水利、生态水利建设为重点，增强水资源保障能力，重点保障城镇、工业园区用水需求，实现供水安全目标。全面建设节水型城市。提高水资源综合利用效率，推广城市中水利用，加大工业节水改造力度，推广高效节水技术，使工业用水重复利用率达到 85% 以上。加大全市河流防洪治理力度，实施一批渭河、西汉水流域重点河段防洪治理项目。

实施节能减排重点工作。通过重点行业绿色升级工程、园区节能环保提升工程、城镇绿色节能改造工程、交通物流节能减排工程、重点区域污染物减排工程等，完成节能减排目标。

构建安全多元能源体系。完善能源产供储销体系，优化能源消费结构，提升能源利用效率，推动能源消费绿色低碳转型。

构建无废城市。持续推进工业固体废物源头减量；推进重点行业减污降碳；深化工业固体废物综合利用产学研合作，加强尾矿、粉煤灰等工业固体废物的技术研发应用。聚焦工业固体废物的综合利用，提升煤矸石、粉煤灰、脱硫石膏、选矿废渣的综合利用水平。

12.3.3　城镇空间外拓内优，构建城市公园体系

1. 城市用地外拓内优、集约布局

城市用地跳跃式外拓；天水市未来城市空间发展主要向西和向北方向拓展；拓展地区为三阳川地区、秦安县城和甘谷县城区域，这样既可以使现状城区跳出固有的带状城市约束格局，形成大面积的城市发展用地，也可以承载城市新的功能，聚集更多人口，提高城镇化水平，在更大范围内整合资源，提升天水城市的综合职能。

从规模拓展转向品质供给；建立差异化空间供给模式，优化调整存量用地土地利用结构与布局，提升旧工业区效益，焕发老城区活力，提高空间资源利用效率。开展老旧城区的有机更新；坚持"留、改、拆"并举，以保留提升为主，除增建必要的公共服务设施和盘活存量低效用地外，不大规模扩大老城区建设规模，不突破原有的密度强度，

不增加资源环境的承载压力。

2. 城区内公园体系存量优化

适应山-水-城风貌的城市公园体系建设。在"一带两区三廊多点"① 生态保护空间布局基础上，实施大规模国土绿化，提升水源涵养治理水平，综合防治水土流失，加强水体、土壤污染治理。构建"枕山望城、引山触城、绿水穿城、城园融合"的城市格局，形成"双核引领、三带串联、多廊渗透"② 的总体公园布局结构。构建"区域公园（风景游憩绿地）＋城市公园（综合公园＋社区公园＋专类公园＋游园）"联动发展的公园空间格局。打造"连城达郊，观山乐水，串旅塑景"的绿道系统，实现山城相融，城乡一体的空间格局。以天水绿道串联自然山水、乡村田野、人文景点、公园绿地、交通枢纽、服务设施等节点与功能，达成"一段绿道，一种文化；一段故事，一种风景"的发展目标。

---

① "一带两区三廊多点"："一带"指渭河干流生态保护带；"两区"指北部黄土丘陵沟壑水土流失重点治理区和南部小陇山、西秦岭生态安全屏障区；"三廊"指重点沿葫芦河、藉河、牛头河等渭河主要支流打造生态廊道；多点"指以小陇山国家森林公园、秦州珍稀水生野生动物国家级自然保护区、麦积山地质公园等为主体的各类自然保护地。资料来源于《天水市国家生态文明建设示范市规划（2022—2026 年）》。

② "双核引领"是指依托天水市中心城区南北两山的现状资源，打造北山片区凤凰山森林公园；南山片区空洞山郊野公园和南山农业公园，作为天水都市区的生态绿核，引领天水市生态文明建设。"三带串联"是指对穿越城区的渭河、藉河、葫芦河进行生态景观综合整治，打造独具特色的城市滨水生态景观休闲带，串联城市的各个功能分区。"多廊渗透"是指依托南沟河、颖川河、牛头河、东柯河、罗玉沟等滨水绿色空间和城市内的公园绿地、农林用地等绿色生态空间，构建多条连通南北两山的生态绿廊。资料来源于《天水市国家生态文明建设示范市规划（2022—2026 年）》。

第 13 章

酒泉市人居环境
绿色发展建议

13.1 人居环境概况与特征

酒泉市为 I 型小城市（2021 年城区常住人口有 32.75 万人[①]），位于甘肃省西北部甘新青蒙四省区交会处，有 2 个少数民族自治县、7 个民族乡及全省唯一的边境口岸，具有促进区域民族团结进步和兴边富民、强边固防的特殊职能，承担着保障国家安全的重要使命。

13.1.1 地理区位

酒泉市，古称肃州，甘肃省名"肃"字由来地，是甘肃省地级市，省域副中心城市，被甘肃省人民政府确立为丝绸之路经济带甘肃段重要节点城市。酒泉市东接张掖市和内蒙古自治区，南接青海省，西接新疆维吾尔自治区，北接蒙古国。全市下辖 1 个区（肃州区）、2 个县级市（玉门市、敦煌市）、4 个县（金塔县、瓜州县、肃北蒙古族自治县、阿克塞哈萨克族自治县），东西长约 680 km，南北宽约 550 km，总面积为 19.2 万 km²，占甘肃省面积的 42%（图 13-1）（酒泉市人民政府，2023）。

13.1.2 自然条件

1. 气候条件

酒泉市属温带大陆性气候，冷热变化剧烈，风大沙多。酒泉市温度在 -10～22℃ 波动，夏季无酷暑天气，冬季寒冷，昼夜温差大；年湿度的变化范围为 35%～61%，年际降水量受季节影响变化大，整体气候干燥，降水量少，蒸发量大，河流补给量少，属于极度干旱缺水城市。酒泉市日照丰富，日照时间长，太阳辐射强，属于太阳能富集区。全市自东向西年降水量、相对湿度逐渐减少，日照时数、年均气温、干燥度、降水变率逐渐增加，以东北风和东风为主（图 13-2）。

---

① 资料来源：《2021 年城市建设统计年鉴》。

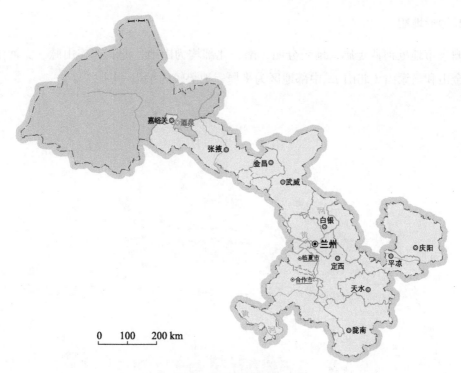

图 13-1 酒泉市区位图

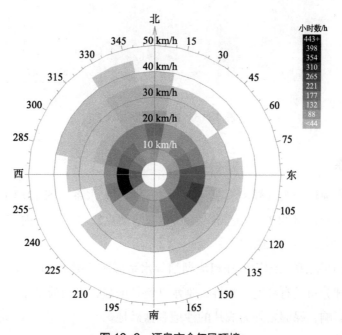

图 13-2 酒泉市全年风环境

资料来源：国际能源天气计算数据库（IWEC，https://www.ashrae.org/technical-resources/bookstore/weather-data-center）

2. 地形地貌

酒泉市地处河西走廊，地貌分明，南、北部均为山地，拥有祁连山脉、党河南山、阿尔金山和马鬃山（北山），中部地区为平原，地势较为平坦（图 13-3）。

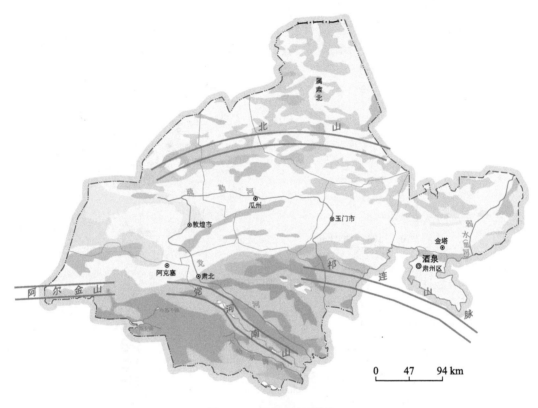

图 13-3　酒泉市地形地貌

3. 流域水系

酒泉市境内河流分为疏勒河、黑河、哈尔腾河三大水系（图 13-3），均发源于南山冰川积雪区，年径流量约 33.34 亿 m³①。阿克塞哈萨克族自治县境内湖泊主要有大、小苏干湖，水源有大、小哈尔腾河。

酒泉市内的平原和绿洲均依托河流湖泊等水系形成（图 13-4），城市建设与乡村居民点选址与绿洲分布具有高度一致性，唯水性特征明显，沿河流呈带状分布。受气候条件和地域环境影响，绿洲之外为成片的沙地和盐碱地。

---

① 酒泉自然资源 . http://www.jiuquan.cn/bendi/info-51636.html[2023-08-30].

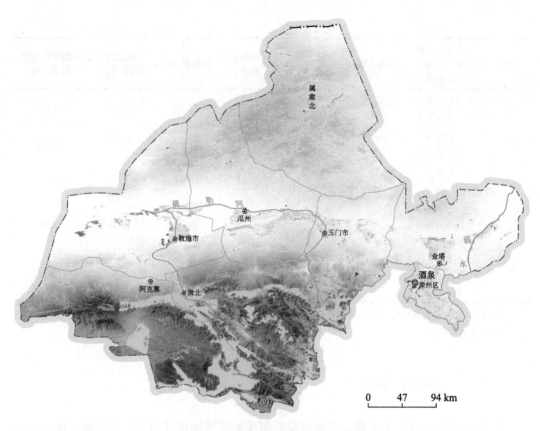

图 13-4　酒泉市水系和绿洲分布图

13.1.3　社会经济发展

2021 年末酒泉市域常住人口为 105.33 万人，全市城镇化率为 65.22%，全年地区生产总值为 762.7 亿元（表 13-1）。

表 13-1　2021 年酒泉市各区县城市规模

城市	市辖区 / 县级市 / 县 / 自治县	街道 / 镇	常住人口 / 万人	城镇化率 /%	总面积 /km²	地区生产总值 / 亿元	人均地区生产总值 / 人
酒泉市	酒泉市市域	8 街道 53 镇	105.33	65.22	191 001	762.7	72 356
	肃州区（市辖区）	7 街道 14 镇	45.49 Ⅰ型小城市	72.5	3 353	232.33	51 006
	敦煌市（县级市）	9 镇	18.53 Ⅱ型小城市	71.21	31 200	83.83	45 253

续表

城市	市辖区 / 县级市 / 县 / 自治县	街道 / 镇	常住人口 / 万人	城镇化率 /%	总面积 /km²	地区生产总值 / 亿元	人均地区生产总值 / 元
酒泉市	玉门市（县级市）	1 街道 10 镇	13.73 Ⅱ型小城市	64.23	13 500	222.5	161 991
	瓜州县（县）	10 镇 5 乡	12.89 Ⅱ型小城市	42.82	24 000	115.7	89 759
	金塔县（县）	7 镇 2 乡	12.08 Ⅱ型小城市	50.91	18 800	77.9	59 127
	阿克塞哈萨克族自治县（自治县）	1 镇 3 乡	1.09 Ⅱ型小城市	93.26	33 400	10.74	10 000
	肃北蒙古族自治县（自治县）	2 镇 2 乡	1.51 Ⅱ型小城市	66.08	66 748	19.8	130 964

资料来源：《甘肃发展年鉴 2022》,《酒泉年鉴 2021》, 2021 年酒泉市市辖区、县级市、县 / 自治县国民经济和社会发展统计公报

13.1.4 城市发展定位

酒泉市是现代航天的摇篮，酒泉卫星发射中心是中国创建最早、规模最大的综合型导弹、卫星发射中心；酒泉市也是新中国石油工业和核工业的发祥地、全国重要的新能源基地。作为丝绸之路经济带甘肃段重要节点城市、省域副中心城市，酒泉市在全国、全省战略布局中承担生态屏障、能源基地、文化高地、战略通道以及开放枢纽的职能。

13.2 绿色发展面临的问题

13.2.1 生态环境保护压力较大

绿洲城镇的水资源极为有限，一旦城镇耗水量大于其流域可用水总量，就会破坏生态环境的稳定性，影响生态环境平衡，出现土地荒漠化、沙尘暴频发和土地盐碱化等一系列问题。

1. 土地沙漠化形势依然严峻

轻度沙漠化土地主要分布于疏勒河两岸及人口聚集的绿洲区，这里也是酒泉市土地生产力最高的区域；中度沙漠化土地主要位于肃北县和敦煌市境内，呈斑块状分布；重度沙漠化土地主要分布于肃北马鬃山以北区域、玉门市西北部和金塔县西北部，沙漠化类型主要为半固定沙丘和戈壁；极重度沙漠化土地主要为流动沙丘（地）和戈壁，多分布于敦煌市西南部库姆塔格沙漠、敦煌绿洲南部的鸣沙山地区，以及南、北两山至绿洲的缓冲区域内，具有面积大、延伸广、集中连片的分布特征。

2. 天然绿洲等自然环境受侵蚀

城镇建设活动的介入，使天然绿洲面积从 1990 年来逐渐减少，被以灌溉农业为主、兼具畜牧业的人工绿洲所代替。大片带状天然绿洲逐渐收缩为团块状或被转化为人工绿洲，人工绿洲沿河流和交通干线扩张，从下游向中上游迁移，并由中部向外围扩展，破坏了原有河道和自然绿洲的形态。由于城、田过度扩张，林、草地逐渐被风沙侵蚀或被耕地占据，沙漠化呈现出自西向东、自河流下游往上游蔓延的趋势，河西走廊"山、林、草、城、田、沙"的景观风貌秩序逐渐单一化。

13.2.2 水资源保护与利用成效不佳

1. 生态治理缺乏统筹协调，加剧缺水压力

根据《2021 年甘肃省水资源公报》，酒泉市水资源总量少，总赋存量为 12.1 亿 m^3，属于缺水城市；2021 年，酒泉市人均水资源占有量为 1149.1 m^3，接近于国际公认最低需水线（1000 m^3）

首先，酒泉市水资源时空分配不均，降水量季节性差异极大。从祁连山冰川区到祁连山浅山地区再到河流中下游，径流年际变化逐渐稳定，总体呈现出东多西少、南多北少的空间分布特征，人均、亩均水资源量也有较大差距。同时，疏勒河和黑河水系存在连续丰枯的现象。

其次，一些流域具有跨省特点，但流域整体生态治理未形成统一的规划和管理，上中下游协作管理体制不健全。例如，黑河流域范围涉及两省四市，因上游祁连山脉地区的生态保护和治理投入不足，流域内河道断流，出现间歇河，加剧了下游绿洲的荒漠化。

最后，流域上游水源来水量难以保证，下游水资源需求压力不断加大，废水处理回用水平不高，部分废水尚未实现达标排放和有效利用，加剧了资源型缺水的压力。此外，下游地表水和地下水矿化度不断变大，部分地区水质状况持续恶化，加剧了水质型缺水的压力。

2. 农业用水量大，用水利用率低

根据《2021年甘肃省水资源公报》，酒泉市人少地多，以农林畜牧业用水为主，农业用水高达总用水量的75%。酒泉市农业类型为灌溉农业，为西北地区最主要的商品粮基地和经济作物集中产区。第三次全国国土调查数据显示，酒泉市耕地面积增加了66.73万亩，使得灌溉用水大量增加，进而提高了整体用水量和人均用水量，用水矛盾加剧。

此外，受工程老化失修、田间工程配套率低、水量损失大、灌溉制度和灌水方式不合理及节水意识不强的影响，酒泉市农田灌溉用水利用率较低。

13.2.3　能源行业一体化发展程度不高

酒泉市的能源供给全面增加，但酒泉市各行业能源消费量均较低。酒泉市的能源生产消费比[①]为2.61（表13-2、表13-3），能源供大于求。虽然能源生产量全面提高，但是能源行业协调发展一体化程度不高，调峰能力与新能源快速发展需求不匹配，各类能源互补性不够；新能源装备制造产业发展层次较低，延链补链不足，同质化、低水平项目较多。

表13-2　2021年酒泉市和甘肃省的能源生产量

地区	原煤年产量/万t	原油年产量/万t	天然气年产量/亿m³	太阳能年发电量/（亿kW·h）	风能年发电量/（亿kW·h）	水力年发电量/（亿kW·h）
酒泉市	200	40	—	27.9	157.7	2.1
甘肃省	3859	968.7	3.9	133	246	507

资料来源：《酒泉市"十四五"能源发展规划》《2021年酒泉市国民经济和社会发展统计公报》《中国能源统计年鉴2021》

① 能源生产消费比即能源生产量与消费量之比。酒泉市和甘肃省的能源生产量由"原煤、原油、天然气、太阳能、风能和水能转化成的电力"四类能源的年产量按照标准煤转化系数统一转化为标准煤后计算得出；酒泉市和甘肃省的能源消费量由规模以上工业企业能源消费量、建筑业能源消费量、城镇居民生活能源消费量和交通运输、仓储邮电能源消费量计算得出。其中，标准煤转化系数来源于《中国能源统计年鉴2021》。

表 13-3　酒泉市和甘肃省的分行业能源消费量　　　　（单位：万 tce）

地区	规模以上工业企业能源消费量	建筑业能源消费量	城镇居民生活能源消费量	交通运输、仓储邮电能源消费量
酒泉市	190.40	5.01	25.23	28.95
甘肃省	3498.30	87.29	478.75	517.96

资料来源：《2021 年酒泉市国民经济和社会发展统计公报》《甘肃发展年鉴 2021》《2022 年酒泉市国民经济和社会发展统计公报》《中国能源统计年鉴 2021》

　　注：①建筑业能源消费量由甘肃省建筑业能源消费量、甘肃省建筑业企业房屋建筑施工面积和酒泉市建筑业企业房屋建筑施工面积计算得出；②城镇居民生活能源消费量由酒泉市常住人口数量、甘肃省常住人口数量和甘肃省城镇能源消费量计算得出；③交通运输、仓储邮电能源消费量由酒泉市总家庭户数、甘肃省总家庭户数和甘肃省交通运输、仓储邮电能源消费量计算得出

13.3　绿色发展建议

13.3.1　探索人地融合的城镇发展模式

1. 构建流域生态安全格局，探索区域生态协同共治模式

沿河西走廊构建纵向生长的流域生态廊道，形成"三区两带多廊"体系："三区"为祁连山水源涵养生态功能保护区、人工绿洲平原区和风沙治理区；"两带"为祁连山区与绿洲区之间的过渡地带（即祁连山北麓生态防护带）和绿洲区与沙漠区之间的风沙生态防护带；"多廊"指依托水系形成多条重要的自然生态廊道，增加各绿洲区之间的连通性，促进水系和绿洲的共同发展，两者相辅相成形成蓝绿网络，构筑更加完善的生态安全格局（图 13-6）。

2. 构建"城镇""绿洲"融合的空间模式

在以水定城、以水定产的原则下，绿洲城镇及乡村居民点的规模和农业产业结构，既要满足城镇的发展要求，又要适应沿河流分布的城镇生态体系和农业生态体系。

构建适应绿洲本底的城市空间形态。绿洲城镇及乡村居民点周围以耕地为主，应结合当地自然本底和水系特征，改善城镇空间形态，并注重由城到山所形成的"城（乡）-田（草）-山（林）"的空间关系。此外，调整林、草、田等要素的比例结构，形成可持续发展的人工绿洲体系。农业产业结构的调整包括农、林、牧结构和作物种植结

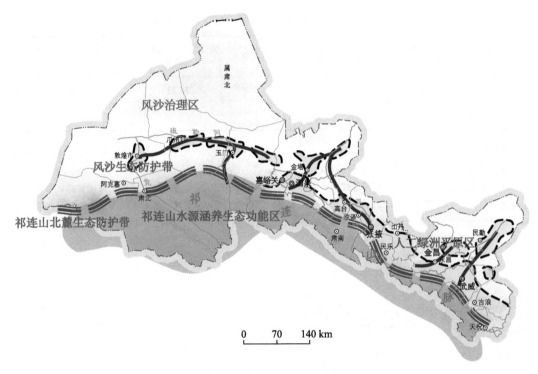

图 13-6　河西五市"三区两带多廊"生态格局

构两部分。按照"缩（农、粮）、稳（林、经）、扩（牧、饲）"的基本思路，整体提高农牧业产品的技术经济含量和用水效率。

3. 优化城镇绿色生态空间系统

强化酒泉市绿地系统布局的空间结构。加强绿地系统建设，通过构建或完善滨河绿地廊道、道路绿地廊道、防护绿地廊道，形成主要生态廊道与次要生态廊道相结合的完整体系，提升生态斑块的网络连通度，加强内部绿地系统与外部自然环境之间的联系，改善生态网络破碎化、散点式的分布特征。

13.3.2　建立水资源管理体制，优化水资源利用

调整农业产业结构，控制配套用水。实行农业用水总量控制、定额管理、水权分配到户的管理机制，通过清理整顿土地、关停机电井、清退耕地等方式控制用水量，并通过发展精品林果业、休闲采摘园等特色产业，推动产业结构调整，降低高耗水作物的播种面积。

严格限制打井开采地下水。严格执行酒泉市于 2022 年印发的《酒泉市地下水取用管理办法》，对引进项目进行环保评估和水资源论证；全面贯彻取水许可制度，针对水资源的无序开采、盲目开荒和超采，加大执法力度；打破区域水管理界限，建立高效、协调的水资源管理体制，实行城乡水资源联网调配，建立城乡水务统一管理体制。

13.3.3 构建多元稳定的能源发展新格局

酒泉市能源发展应紧密围绕能源资源禀赋和发展条件，形成绿色低碳、优势互补、输用通畅的能源发展新格局。

集中精力做大清洁能源产业规模，利用酒泉市沙漠、戈壁、荒漠地区资源优势，加快建设大型风电光伏基地，形成风力发电、光伏发电、光热发电、储能等融合发展新格局。按照"油气并举、新老结合"的发展路径，加大酒泉市盆地勘探开发力度，支持后备资源基地建设，打造国家重要的石油储备基地。

此外，酒泉市是西北能源外运大通道，具有保障国家能源大动脉安全的职责。未来能源发展应提升新能源比重，实现酒泉新能源往全国多地输送。做好能源通道的风险管控，建设安全畅通的能源输送大通道，形成长期可靠、安全稳定的能源供应渠道，为构建多元化稳固的能源供应格局做出重要贡献。

第 14 章

陇南市人居环境
绿色发展建议

14.1.1 城市基础概况

陇南市是甘肃省地级市，是省域南部重要的交通枢纽和商贸物流中心，文化、旅游、农业、水利、矿产等资源富集，地处中国西部地区，甘肃省东南部，秦巴山区、黄土高原、青藏高原的交接区域，素称"秦陇锁钥，巴蜀咽喉"，又有"陇上江南"的美称（图 14-1）。截至 2023 年 5 月，全市总面积共 2.78 万 km²，常住人口共 238.91 万人，城镇化率（38.49%）远低于全国平均水平（65.22%）[①]，正处于城镇化快速发展阶段（陇南市人民政府，2023）。

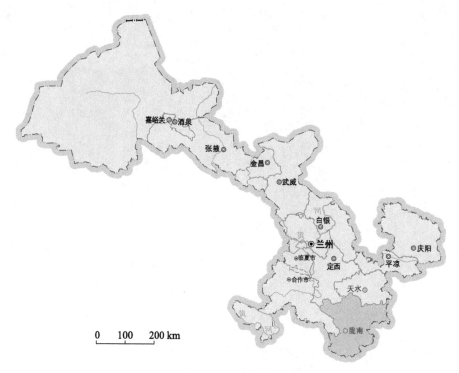

图 14-1 陇南市在甘肃省的区位图

[①] 资料来源：《中华人民共和国 2022 年国民经济和社会发展统计公报》。

14.1.2 整体发展定位

陇南市的整体发展定位是：将陇南市建设成为甘肃绿色发展的典范城市、甘陕川接合部的魅力城市、丝路西部陆海新通道的节点城市，打造成为甘肃绿色发展高地、文旅康养胜地、交通物流要地、投资创业洼地、美好生活福地。

14.2 绿色发展面临的问题

14.2.1 科技创新动能不强，产业体系尚未完善

据《2019 年陇南市国民经济和社会发展统计公报》，陇南市是以经济开发为主的综合型城市。在整体产业占比中，第一产业占 17.73%，第二产业占 23.98%，第三产业占 58.29%，第三产业成为拉动其经济增长的主要动力（图 14-2）。陇南市第一、第二产业职能强度弱（表 14-1），出现了农业现代化水平低、工业基础薄弱、城市经济转型升级任务重等问题，其中突出问题如下。

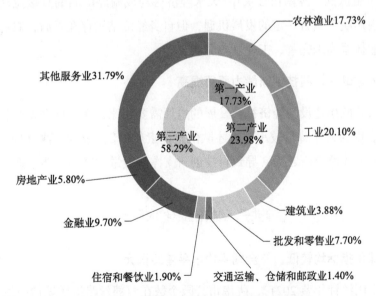

图 14-2 2019 年陇南市各产业 GDP 占比图

资料来源：《2019 年陇南市国民经济和社会发展统计公报》

表 14-1 陇南市各产业职能强度

市	第一产业	第二产业				第三产业								
	农、林、牧、渔业	采矿业	制造业	电力、热力、燃气及水生产和供应业	建筑业	交通运输、仓储和邮政业	信息传输、软件和信息技术服务业	金融业	房地产业	批发、零售和租赁和商务服务业	科学研究和技术服务业	教育	其他服务业	公共管理、社会保障和社会组织
陇南市	一般	一般	较弱	较弱	一般	较弱	一般	较弱	较弱	极弱	较弱	较强	较弱	强烈

资料来源:《2019 年陇南市国民经济和社会发展统计公报》

1. 受到商流"死三角"的制约,产业体系不完善

一是陇南市距中心城市兰州市、成都市、西安市的直线距离在 300 km 左右,都市经济圈影响不明显;二是陇南市处于甘陕川三省交会处,三角地理位置形成了商流"死三角",造成大量产品"走不出"和"进不来"、招商引资难度大、人才引不进也留不住等问题。

2. 区域竞争加剧,产业转型升级难度大

陇南市与我国西部丝路沿线地区的产业趋同现象比较突出,在产业、资源、资金、人才上的竞争更激烈。陇南市在关中-天水经济区与成渝经济圈的直接拉动和区域经济一体化的辐射影响下具有一定的发展机遇,但自身经济结构存在矛盾,农业现代化水平低,现代产业体系尚未完善,工业基础薄弱。

3. 创新人才缺乏,科技创新能力亟须提高

陇南市人才队伍建设与经济社会发展的迫切需要相比,还有许多差距和不相适应的地方,主要表现为人才总量较小,人才队伍整体素质偏低,人才结构和布局不尽合理,高层次创新型人才严重匮乏等,导致科技创新支撑高质量发展的动能不强。

14.2.2 自然生态基础好,城市绿化水平低

1. 各项绿化指标均较低,与全国平均水平差距很大

根据《中国统计年鉴 2021》,陇南市公园个数在西部丝路沿线城镇中最少,仅为 10 个(图 14-3);人均公园绿地面积仅为 9.6 m^2(图 14-4),建成区绿化覆盖率为 33.04%(图 14-5)。

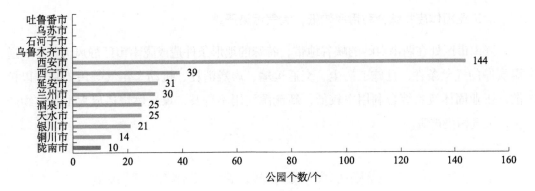

图 14-3　2020 年西部重点城市公园个数对比图

资料来源:《中国统计年鉴 2021》

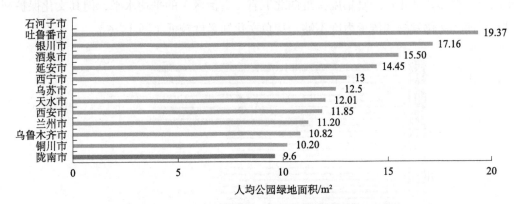

图 14-4　2020 年西部重点城市人均公园绿地面积对比图

资料来源:《中国统计年鉴 2021》

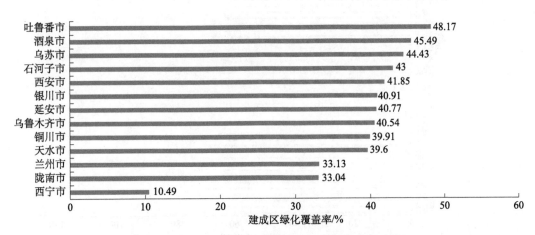

图 14-5　2020 年西部重点城市建成区绿化覆盖率对比图

资料来源:《中国统计年鉴 2021》

2. 工业固体废物综合利用率较低，大气污染严重

陇南市区处在两山对峙的峡谷地带，特殊的地形条件造成陇南市区静风天气多、逆温层厚的气象条件，且施工扬尘、交通运输、煤炭消耗、机动车尾气等污染物难以扩散，工业固体废物综合利用率较低，新能源使用不普及，煤炭燃烧造成大量颗粒物产生，大气污染严重。

14.2.3　文化发扬和传承力度不够，特色文化知名度较低

陇南市与陕西、四川毗邻接壤的地理位置，使得秦陇文化和巴蜀文化在这里交汇，文化形式多样，文化资源富集度接近西北五省（自治区）的平均水平，但其文化保护利用不全面，文化发扬和传承力度不够，特色文化知名度较低（图14-6）。

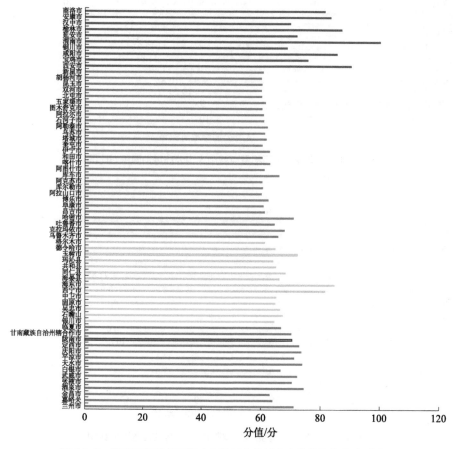

图 14-6　陇南市与西北五省（自治区）各城市文化资源富集度对比图

资料来源：根据网络开源数据 POI 计算

14.3 绿色发展建议

14.3.1 坚持创新驱动发展，优化升级经济体系

把实体经济作为经济发展的着力点，把"绿色"作为产业发展的主色调。培育产业集群、建设产业园区，引导资源要素集聚，推动产业基础高级化、产业链现代化，实现经济质量效益和核心竞争力全面跃升。

1. 提升农业科技创新水平，推进工业企业技术升级，加快发展绿色优势产业

农业领域：延伸产业链条，提高农产品附加值。支持新品种引进选育、新产品研发、新装备研制、高接换优品种改良、水肥一体化节水灌溉、智慧橄榄园建设等，依靠科技提质增效；打造陕甘川现代中药技术产业新高地，主要特色产业实现机械化生产管理，形成产业融合发展、资源高效利用、产品优质安全的循环农业发展格局。

工业领域：培育科技型企业，实施高新工业技改项目，引进推广循环低碳清洁生产先进工艺和设备，产业绿色发展，加快信息化、智能化改造；研发及推广绿色冶炼、超低排放、废渣无害化处置、资源综合利用等新技术。

2. 拓宽创新合作渠道，培育战略性新兴产业

围绕新材料、新能源、生物医药等战略性新兴产业，培育创新平台，建立示范基地，产学研联合推动科技成果产业化。以培育新技术、新业态、新模式、新产业"四新"经济为方向，围绕产业链部署创新链、服务链，将产业园区打造为创新平台。加强与中国科学院、中国农业科学院、甘肃省农业科学院、兰州大学等科研院所的合作。

3. 实施人才优先发展战略，加快创新人才队伍建设

建立人才自由流动和高效配置的体制机制，加强陇南-青岛人才资源对接，实施高层次人才创新创业行动计划。建立"双创"基地，提升创新能力。健全创新激励和保障机制、院士专家工作站运行机制，引导各类人才参与服务科技创新和经济社会发展。

14.3.2 坚持生态绿色发展，加强生态环境保护

1. 加强生态安全屏障建设

建设长江上游生态安全屏障，实施主体功能区战略；统筹山水林田湖草一体化保护和修复，构建生态廊道和生物多样性保护网络，加强嘉陵江流域上游水源地和生物多样性保护，促进人与自然和谐共生。

2. 构建资源节约型和环境友好型社会

建立碳排放总量和强度控制目标导向、评价考核和责任追究机制，加强温室气体监测、统计和管理。清洁能源方面，开发新能源和可再生能源，统筹能源、经济与环境协调发展，建立多能互补的能源结构新格局。节能环保方面，推进工业、建筑、交通运输、公共机构、商务等领域节能，加强矿产资源节约和管理，建设绿色矿山和绿色矿业发展示范区，实施能耗、水耗、建设用地"双控"行动。倡导低碳出行的环保生活方式，开展"零碳"城市建设，完善电动汽车充电桩等基础设施建设和推广清洁能源取暖设备；加强生活垃圾分类和再生资源回收，推进生产生活双系统循环链接，促进资源循环利用。

14.3.3 提高文化软实力，建设特色文化城市

完善文化产业支持政策，引导社会资本投资文化领域，推动文化旅游、演艺娱乐、民俗工艺品加工、包装印刷等文化产业快速发展，设计开发文化旅游创意产品，加快发展新型文化业态、文化消费模式，探索建设特色文化街区；围绕秦早期文化、乞巧文化、白马人民族文化、氐羌文化等，设计开发一批文化旅游创意产品。

第15章

银川市人居环境
绿色发展建议

15.1　人居环境概况与特征

15.1.1　城市区位

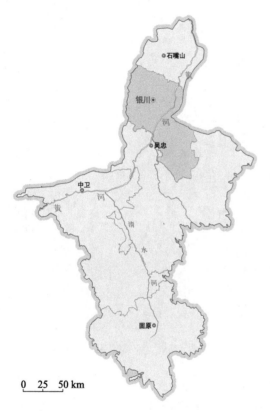

0　25　50 km

图 15-1　银川市区位图

银川市位于我国西北地区宁夏平原（也称银川平原）中部，是宁夏回族自治区首府，下辖"三区两县一市"（兴庆区、金凤区、西夏区、永宁县、贺兰县、灵武市）。东与吴忠市盐池县接壤；西依贺兰山，与内蒙古自治区阿拉善盟阿拉善左旗为邻；南与吴忠市利通区、青铜峡市相连；北接石嘴山市平罗县，与内蒙古自治区鄂尔多斯市鄂托克前旗相邻（图 15-1）。银川是全国重要的区域性物流节点城市、"一带一路"重要节点、国家向西开放的重要窗口。

15.1.2　城市定位

银川是黄河"几"字弯都市圈中心城市，是建设经济繁荣、民族团结、环境优美、人民富裕的美丽新宁夏先行区，也是全面建设黄河流域生态保护和高质量发展先行区示范市。未来银川将着眼打造建设现代产业示范市、改革开放活力示范市、区域绿色宜居示范市、人民生活幸福示范市，示范引领经济转型发展创新区建设和黄河文化传承彰显区建设。

15.1.3　发展速度

首先，"十三五"期间银川经济实力明显增强。"十三五"期间，其 GDP 年均增长

6.3%，2020 年达到 1964.37 亿元，实现比 2010 年翻一番的目标。2020 年，银川第三产业对经济增长贡献率达 60% 以上，第三产业增加值突破千亿元。其次，"十三五"期间银川科创动能显著提升。银川全社会研究与试验发展（R&D）经费投入连续多年保持两位数增长，万人有效发明专利拥有量增长近三倍。其数字经济占 GDP 比重超过 30%，数字城市指数挺进全国 50 强（银川市网络信息化局，2021）。最后，"十三五"期间银川国际影响力持续提升，银川成功举办第九届中国花卉博览会、"一带一路"国际葡萄酒大赛。"十三五"期间引进国内 500 强企业 25 家，外贸朋友圈辐射全球 160 多个国家和地区，累计完成外贸进出口总额 802 亿元[①]。

15.1.4 主要特征

1. 产业特征

银川是西北地区中心城市，肩负黄河流域生态保护和高质量发展先行区示范市建设的时代任务。2019 年，作为区域综合性城市，银川三次产业结构比值为 3.4：43.7：52.9，其中，第二产业以电力、热力燃气及水生产和供应业为主，第三产业以金融业、房地产业为主（表 15-1）。面向新时代，银川发展迎来了新使命新机遇，获批中国（银川）跨境电子商务综合试验区、宁夏国家葡萄及葡萄酒产业开放发展综合试验区、"互联网＋医疗健康"示范区、"互联网＋教育"示范区。实施产业发展、创新驱动、数字赋能、项目牵动、企业支撑"五大战略"，打造 1 个国家级经开区、1 个国家级高新区，建成 1 个海关特殊监管区域和 4 个省级园区，形成了新能源、新材料、新食品"三新"产业及装备制造业等主导产业集群，培育了以葡萄酒、乳制品、枸杞、文化旅游为主的特色优势产业。

表 15-1 银川各产业职能强度

市	第一产业	第二产业				第三产业									城市职能类型
	农、林、牧、渔业	采矿业	制造业	电力、热力、燃气及水生产和供应业	建筑业	交通运输、仓储和邮政业	信息传输、软件和信息技术服务业	金融业	房地产业	批发、零售、租赁和商务服务业	科学研究和技术服务业	教育	其他服务业	公共管理、社会保障和社会组织	
银川	一般	中等	一般	较强	较弱	一般	一般	较强	较强	中等	中等	较弱	较弱	较弱	综合型

资料来源：《银川市 2019 年国民经济和社会发展统计公报》

[①] 中华人民共和国商务部驻西安特派员办事处. 宁夏银川市推动外贸高质量发展. http://xatb.mofcom.gov.cn/article/e/202103/20210303043582.shtml[2023-05-19].

2. 文化特征

银川是中国历史文化名城,公元前 112 年始建典农城,距今已有 2100 多年历史,中原文化、边塞文化、河套文化、丝路文化、西夏文化、伊斯兰文化等多种文化在此激荡交融,塑造了悠久又极富魅力的历史文化景观;银川有着"中国旅游微缩盆景园"之称,拥有水洞沟古人类遗址、贺兰山岩画、西夏王陵、镇北堡西部影城等众多历史文化遗迹,是国家旅游休闲示范城市,全国重要旅游目的地之一。

3. 自然条件

银川市山川兼备,地貌多样。银川市是国家园林城市,有"塞上湖城"之美誉。东临黄河,西依贺兰山,"一山一河"造就宁夏平原。银川市于 2018 年 10 月 25 日获全球首批"国际湿地城市"称号。根据《银川年鉴(2022)》,2021 年,银川市有湿地面积 5.31 万 hm²,其中湖泊湿地 0.97 万 hm²、河流湿地 2.17 万 hm²、沼泽湿地 0.43 万 hm²、库塘人工湿地 1.74 万 hm²。全市有天然湖泊、沼泽湿地 200 个,其中面积在 100 hm² 以上的湖泊、沼泽 20 多个。银川市有 5 处国家级湿地公园(鸣翠湖、阅海、黄沙古渡、宝湖、鹤泉湖)、1 处国家级湿地公园试点(黄河外滩)、6 处自治区级湿地公园,市区湿地率 10.65%,湿地保护率 83%。银川四季分明,夏无酷暑、冬无严寒,年均气温 8℃左右,空气优良天数居西部省会(首府)城市前列。

15.2 绿色发展面临的问题

15.2.1 水资源短缺,难以满足城市发展要求

水资源短缺问题严重,制约银川城市功能的正常运行。银川市地处半干旱-干旱气候区,雨雪稀少,气候干旱,蒸发强烈,加之存在地下水空间分布不均、水质恶化等问题,致使水资源严重短缺,人均水资源量仅为 71.3 m³,在西部丝路沿线城镇中处于低水平。银川作为宁夏回族自治区的首府,是以发展轻纺工业和农林畜牧业为主,机械、化工、建材工业协调发展的综合性工业城市,水资源短缺成为制约银川发展的一大问题。

15.2.2 产业优势不明，难以形成区域竞争力

产业革新速度慢，阻碍银川形成城市核心竞争力。银川存在很大的产业发展潜力，但还没有形成极具竞争力的产业集群。第一产业内部结构有待优化，特色优势不明显；第二产业特别是工业"大"而不"强"，缺少技术革新、资本支撑、体制创新，难以占据区域发展主动权；第三产业发展不足，内部结构层次低，互补能力差。银川市的第二、第三产业并没有形成明显的主导产业职能，与周边其他城市的经济合作方式也比较单调，在某些合作领域处于被动甚至是从属的位置。

15.2.3 传统能源产业结构阻碍区域永续发展

银川市资源环境约束趋紧，转型发展还有很多难题亟待破解。纵观目前银川产业发展特征，高污染、高排放、高能耗的产业结构没有得到根本改变，单纯依靠资源支撑发展，不仅难以形成推动生产的内在驱动力，而且容易导致城市环境恶化和加速衰落；创新能力不强，工业"四基"[①]存在弱项，现代服务业发展相对滞后，转型发展任务艰巨，与建设先行区示范市目标尚有一定差距；自然资源消耗大、生态环境不断恶化，生态问题、区域发展问题交相叠加，阻碍了区域可持续发展进程。

15.3 绿色发展建议

15.3.1 坚持生态优先战略，聚焦水资源环境治理

应在城市建设中坚定不移地实施生态优先战略，改善环境，保护湿地，以此来增强城市生态韧性和城市生态"免疫力"，从而构建水资源环境良好的存续发展模式，不断提高现有水资源环境功能，实现绿色转型发展，守好生态环境生命线。大力实施生态立市战略，实施水系开挖建设、湖泊扩整连通、湿地修复保护，聚焦黄河流域水污染治理，坚持"保清水"和"治污水"并重的治理思路，持续不断地推进生态文明建设。

---

① 工业"四基"是指工业领域的核心基础零部件（元器件）、关键基础材料、先进基础工艺、产业技术基础。

15.3.2 优化城市空间形态，实现绿色精细发展

按照宁夏回族自治区"一带三区"[①]总体布局，聚焦建设黄河生态经济带，发挥北部绿色发展区核心区作用，引领沿黄市县建设生态城市带、生态产业带、生态交通带、生态旅游带、生态文化带。构建"三廊三区"功能布局，优化完善全市多中心组团式发展格局。着力建设贺兰山生态廊道，重点发展文化旅游和葡萄酒产业，推动贺兰山生态区域向南延伸；着力建设黄河生态廊道，打造黄河百里生态长廊；着力建设典农河—阅海生态廊道，构建生态优先、绿色高效、文旅融合、优势突出的生态文化产业体系。统筹生产、生活、生态空间，加快构建首府功能核心区、城乡融合发展示范区、东部生态经济先导区。

15.3.3 积极培育绿色产业，促进绿色低碳发展

大力推进园区绿色发展，加快推进绿色园区、绿色工厂、绿色供应链建设，加快传统工业园向生态工业园转变，整合、提升现有各类工业园区，着力构建工业生态循环链；依托国家城市矿产示范基地，加快城市矿产基地转型升级高质量发展示范项目等项目建设，推进高新区绿色产业示范基地建设；大力发展生态型服务业，加快发展生态环境修复、环境风险与损害评价、环境信用评价、绿色认证、环境污染责任保险等新兴环保服务业。加快培育一批线上线下融合的再生资源回收试点企业，建立废弃物在线交易系统平台，逐步形成电子废弃物、报废汽车、有色金属、建筑垃圾、餐厨废弃物等资源化利用的产业体系。建立循环经济信息和技术服务体系，鼓励发展循环经济咨询机构，打造"一站式"能源管理综合服务平台，开展能源审计和"节能医生"诊断，推进专业化节能服务公司数量、规模和效益的快速增长。

15.3.4 推动能源体系转型，实现减排降耗目标

积极应对气候变化，开展"碳达峰"行动，提高煤炭高效转化和高效利用水平。实施煤炭清洁高效利用工程、电力能源优化工程、油气供应保障工程，开发利用太阳能、风能、生物质能、地热能等新能源。实施重点耗能行业节能改造行动，在化工、电力、纺织、建材、食品加工等行业，实施工业能效、资源综合利用等技术改造，推进生产过程低碳化。推广新技术、新工艺、新材料的应用，全面提升企业整体技术装备水平和生产效率，实现资源利用高效化、环境影响最小化。

---

① "一带三区"：黄河生态经济带、北部绿色发展区、中部封育保护区、南部水源涵养区。

第 16 章

西宁市人居环境
绿色发展建议

16.1 人居环境概况与特征

16.1.1 城市基础概况

西宁是青海省省会，古称青唐城、西平郡、鄯州，地处中国西北地区、青海省东部（图 16-1），湟水中游河谷盆地，"丝绸之路"南路和"唐蕃古道"的必经之地，因此素有"青藏门户""西海锁钥""海藏咽喉"之称，战略位置十分重要。

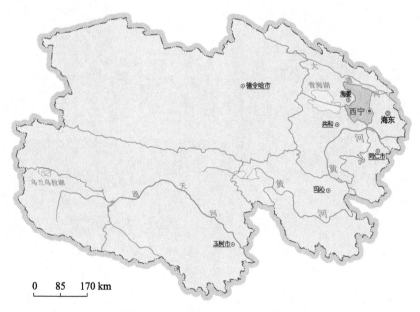

图 16-1 西宁市在青海省的区位图

西宁市是保障西部国土安全和深化对外开放的重要支点、青海"四地两体系"[①] 的中心城市、"无废城市"建设试点城市。2018 年，国务院发布《兰州西宁城市群发展规划》，西宁作为丝路重要节点城市，对推动兰州西宁城市群发展、促进西北地区经济繁荣稳定和丝路建设十分重要。

截至 2022 年 10 月，西宁市下辖 5 个区、2 个县，总面积达 7660 km²。截至 2022

---

① 四地：建设世界级盐湖产业基地、打造国家清洁能源产业高地、打造国际生态旅游目的地、打造绿色有机农畜产品输出地。两体系：构建绿色低碳循环发展经济体系、建设体现本地特色的现代化经济体系。

年末，全市常住人口为 248 万人，城镇常住人口 198.08 万人。西宁市是青藏高原唯一人口过百万的城市，为Ⅱ型大城市，人口密度中等，2022 年西宁市城镇化率为 79.87%（西宁市统计局，2023）。

16.1.2 整体发展定位

西宁市的整体发展定位是：将西宁市建设为丝路重要的节点城市、全国优秀旅游典范城市、西北经济文化高质量发展代表城市、资源高效利用杰出城市，完善基础设施，实现生态环境修复，打造生态文明高地、交通物流要地、文明美丽康养宜居胜地，使其成为西北地区发展的重要增长极。

16.2 绿色发展面临的问题

16.2.1 自然本底脆弱，生态环境面临威胁

1. 水资源匮乏，水环境污染严重

西宁市位于黄河支流湟水中游河谷盆地，地处黄河、长江及澜沧江源头地带，河流纵横、河床陡峭落差较大，水资源丰富，水能资源集中，开发潜力极大。根据《2021 年青海省水资源公报》和 2021 年度《中国水资源公报》，2021 年，西宁市水资源总量为 14.96 亿 m^3，是青海省市均水资源量（105.28 亿 m^3）的 14.21%，是全国市均水资源总量（46.82 亿 m^3）的 31.95%；而西宁市用水量为 5.29 亿 m^3，是青海省市均用水量（90.57 亿 m^3）的 5.84%，是全国市均用水量（9.35 亿 m^3）的 56.58%。因此，西宁市水资源短缺，用水紧张。湟水、北川河和南川河为流经西宁市的主要河流，对流域内的农田灌溉、地下水的补给起着非常重要的作用。部分地区存在生活污水分散式直排入河问题，受到垃圾堆放、畜禽粪便、化肥农药、塑料薄膜等外源污染的影响，河水浑浊，水质有待改善。

2. 人均水资源量低，利用率低

从整体看，西宁市水资源总量较低，属于资源型重度缺水城市（张永黎，2022），非常规水源利用率低。青海省水资源时空分布极不均衡，地域辽阔、人口稀少的南部地

区水资源相对丰富，而人口集中、经济相对发达的湟水流域却水资源匮乏。西宁即位于湟水流域，水资源多年平均总量 13.14 亿 m³，人均水资源量约为 570 m³，占全国人均水资源量的 1/4，占全省人均水资源量的 1/20（张永黎，2020）。常住人口较多，水资源总量较少，导致人均水资源量低。同时，近年来西宁经济发展迅速，但仍存在经济结构不甚合理、产业布局与城市发展和水资源环境承载能力不相协调的问题。2021 年西宁市三次产业结构比为 3.8∶33.5∶62.7，第一产业仅占不到 5%，而其用水量却大于 30%，农业用水效率不高，用水结构与产业结构比例失衡，水资源浪费现象严重。

3. 生态环境受威胁，景观层次单一

西宁市自然条件严酷，山体裸露，水土流失严重。一方面，西宁市坡陡沟深、土质疏松、植被稀疏、降水分布不均，造成水土流失；水土流失造成沟底下切，沟岸坍塌，破坏了区域生态环境，制约区域经济发展。同时，受山体不同坡向雨水蒸发和常年太阳直射影响，在山体阳坡地段易形成裸露山体。另一方面，建筑大量侵占滨河地带，河流的自然结构和生物的生存环境遭到了破坏，河岸生态与河道生态之间的联系也被割裂。例如，由于河岸的硬化、河流自然结构的破坏以及滨河过多硬质景观设计等原因，湟水河沿线（城区段）滨河自然景观单一、缺乏多样性。

16.2.2　能源供应不足，建筑能耗高，技术支持严重不足

1. 能源需求较高，但存在能源的结构性短缺

西宁市为省会城市，是工业企业的集聚中心、重要的能源消费中心，是青海省经济发展的重要支柱，其能源需求较高，但存在能源的结构性短缺问题。目前，西宁存在着总体能源供应不足的问题。根据《西宁市"十四五"能源发展规划》，2020 年西宁市一次能源消费总量为 2075 万 tce，但西宁市一次能源生产总量为 6.18 万 tce，远低于一次能源消费总量，能源供给保障存在压力。在能源消费量不断上升的背景下，整体能源生产形成供不应求的局面。

西宁市对清洁能源的需求较高，但清洁能源供给难以满足需求。根据《西宁市"十四五"能源发展规划》，2020 年西宁市煤炭消费比重仅为 23.59%，而非化石能源消费比重达 55.8%，高于全省平均水平（47.2%）[1]且远高于全国平均水平（15.9%）[2]，但是西宁市清洁能源装机占比及清洁能源发电量占比分别为 8.6% 和 2.27%，均远低于青海

---

① 资料来源：《青海省"十四五"能源发展规划》。
② 资料来源：《"十四五"现代能源体系规划》。

省平均水平（90.2% 和 89%）。在推进能源转型升级、实现"双碳"目标过程中，仍需优化能源生产结构，提升清洁能源供给能力。

2. 建筑能耗较高，大于集中供热地区的平均值

青海省建筑能耗总量不大，远低于全国平均线，但是建筑能耗强度却很大，公共建筑的能耗强度远超其他四省（自治区）[以 2019 年西北五省（自治区）各建筑类型的能耗数据对比为参考（图 16-2 和图 16-3）]。西宁市的建筑供热能耗主要是由城镇居建和部分公共建筑构成的，2017～2020 年的数据均远大于集中供热地区平均值，甚至为平均值的 4 倍，2015～2020 年西宁市的建筑供热强度一直大于集中供热地区的建筑供热强度平均值（图 16-4 和图 16-5）。

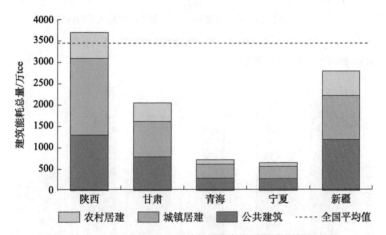

图 16-2　2019 年西北五省（自治区）各建筑类型能耗总量

资料来源：《2019 年城乡建设统计年鉴》

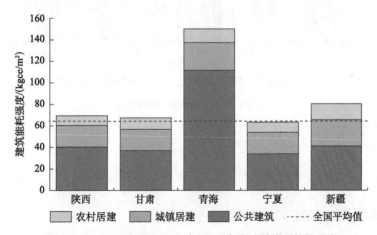

图 16-3　2019 年西北五省（自治区）各建筑类型能耗强度

资料来源：《2019 年城乡建设统计年鉴》

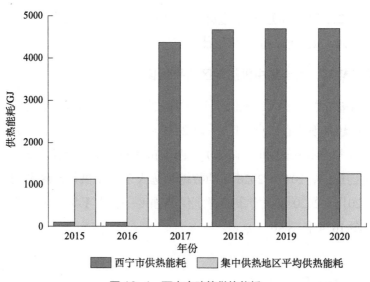

图 16-4　西宁市建筑供热能耗

资料来源：2015～2020 年《城乡建设统计年鉴》

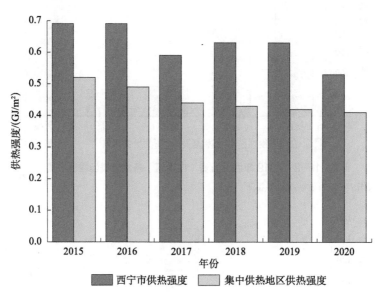

图 16-5　西宁市建筑供热强度

资料来源：2015～2020 年《城乡建设统计年鉴》

16.2.3　城乡发展不平衡不充分，城乡差距大

1. 地形环境制约明显，城市发展空间受限

从河湟谷地、青海省或者兰西城市群等角度来看，区域缺少中等城市，西宁市城市

首位度高，其他城镇规模普遍偏小，两极分化严重，城镇体系不完善，难以对西宁市的城市发展形成助力。此外，湟水谷地地形对西宁市城镇发展具有约束作用。从生态适宜性评价而言，其刚性增长边界多位于湟水谷地及湟水支沟，城市扩张边界多呈树枝状，建设用地多沿河谷布局。城市向东发展的空间最小，向北的空间次之，向南的空间较大，向西进入湟中区的空间最大。然而在土地资源紧张的压力下，西宁只能在原有带形空间格局中不断进行内部"填充"。

2. 城乡设施发展不充分，结构不合理

从宏观区域尺度而言，西宁市核心区域内聚膨胀，周边辐射扩散不足，一小时通勤圈覆盖西宁市域，未能有效覆盖都市圈内其他区域；设施供给有限，网络化体系不健全。从公共服务设施机构、人员、优质资源数量进行评价，西宁市公共服务设施水平略高于全国平均水平，但存在城乡交接处发展不充分问题。教育设施方面，整体布局呈现出由主城区核心地带向外逐渐递减的态势（图 16-7），城镇学校配套齐全、集聚优质教育资源，农村学校教育设施陈旧，优质教育资源供给不足；医疗卫生服务设施方面，呈现出"重城心，轻周边"的分布态势（图 16-8），分布结构不合理，基层卫生人才队伍短缺，卫生专业人才总量不足，且呈现村（社区）紧缺、县区乡镇较弱、市级不强不精状态。

3. 城镇化滞后、城乡收入差距大，产业结构有待完善

随着经济的发展，城乡居民收入都有了大幅度的提升，但是，受现有国民收入分配格局的影响，农民收入的增长速度低于国民经济的增长速度和城镇居民人均可支配收入的增长速度，因此城乡居民收入不断增长的同时也出现收入差距持续扩大的趋势。西宁市是以区域经济开发为主的综合型城市，形成了三次产业协调发展的新格局，2023 年全市第一、第二、第三产业中，第二产业占经济总量比重达 38.0%，第三产业占经济总量比重达 60.1%，服务业已经成为西宁市第一大产业。服务业规模逐年持续扩大，但就业吸纳迟滞，产业结构中第一、第二产业释放对生产性服务业需求信号"弱"，产业结构有待进一步完善。

16.3 绿色发展建议

16.3.1 守好生态安全屏障，加强生态环境治理

1. 优化全流域水资源配置，加强水环境综合治理，推广再生水资源利用

发挥"引黄济宁""引大济湟"调水功能，缓解西宁市产业发展和生态文明建设的缺水矛盾，综合考量优化升级产业结构与水资源及生态环境的承载能力，合理确定节水目标，优化用水管理；严格地表水和地下水监管与保护，改善用水结构，减少水源的浪费，尽快建立城乡一体的水资源管理体制，将供排水、用水节水、污染治理与污废水回用统一管理；加快水资源回用的配套设施及管网的建设速度，为再生水的应用提供便利，加大科技创新投入，优化再生水处理工艺，提升水质，拓宽再生水的应用途径。

2. 构建生态安全格局，推进多层次体系建设

以山脉、水系为骨架，以河流、交通沿线为廊道，统筹协调流域生态保护红线、自然保护地与生态保护修复、农业生产、城乡发展等空间布局，进一步筑牢以城市绿芯森林公园为"一芯"，近郊南北两山生态屏障为内屏，远郊日月山、老爷山生态屏障为外屏，湟水河、南川河、北川河为廊道的"一芯两屏三廊道"城市生态屏障格局；将公园城市建设与"绿屏绿芯绿廊绿道"体系有机结合，大力推进城市生态功能保护区、城乡绿地系统和公园体系建设，以生态廊道划分城市组群，以高标准生态绿道串联城市社区，新建一批城市公园绿地和景观廊道，科学布局休闲游憩和绿色开敞空间，推动公共空间与自然生态相融合，构建"一城山水、百园千姿"的公园城市形态。

16.3.2 壮大优势产业集群，提升建筑节能水平

1. 推进光伏光热制造产业建设，发挥煤电兜底保障作用

进一步做强光伏光热制造产业，加强系统集成，拓展光伏发电应用，依托全省资源能源优势和锂电储能、光伏制造、化工新材料产业基础，以现代化智能电网建设为保障，巩固提升光伏光热全产业链水平，壮大产业规模，发展可再生能源，提高清洁能源

使用率，做强光伏制造产业集群，高质量融入国家清洁能源产业高地建设，到 2030 年，全面建成具有国际优势的光伏制造产业基地；统筹推进煤电节能改造、供热改造和灵活性改造"三改联动"工作，开展煤电机组节能改造与供热改造。统筹考虑内用和外送，按需安排一定规模的火电能源保障电力供应安全的支撑性电源，发展新能源消纳的调节性电源，小规模火电项目重启建设。

2. 大力推动清洁能源，提高建筑节能水平

在青藏高原可再生能源富集地区实现零碳建筑先试先行，实现建筑光伏、光热、幕墙一体化等绿色建筑与低碳零碳建筑新技术"研发—生产—施工"全链条产业自东向西的战略转移。

大力推动清洁能源技术在城市区域供电、供热、供气、交通和建筑中的应用，建立以清洁能源利用为导向的建筑节能与用能新模式，推动公用大型建筑及民用社区建筑用能模式转型建设试点。推进建筑光伏一体化技术，发展可再生能源建筑自身收集、就地消纳技术体系。全面推行建筑电气化，大力发展"光储直柔"①技术，鼓励"部分空间、部分时间"等绿色低碳建筑用能方式。

16.3.3 促进城市扩容提质，推动区域协调发展

1. 构建大西宁都市圈发展格局

秉持"绿色为芯、双城联动、生态隔离、组团发展"的城市发展策略，巩固发展好独具特色魅力的高原生态山水城市格局，全面建成"一芯双城、环状组团发展"的高原生态山水城市，构建"一主两副、生态环抱、组团发展、全域大美"的大西宁都市圈发展格局。

做强做优做大西宁中心城市，坚持向东向西拓展发展空间，优化西宁周边地区行政区划设置，打造西宁东西"两大"副中心，为主城区功能疏解提供空间载体，实现老城与新城协调联动发展。

2. 推动公共服务协同共享，实现城乡网络化服务布局

区域尺度：提升西宁综合服务能力，加强优质资源扩容和均衡布局，促进西宁都市圈公共服务设施共建共享，与兰州联动发展。

---

① 光储直柔（PEDF），是在建筑领域应用太阳能光伏（photovoltaic）、储能（energy storage）、直流配电（direct current）和柔性交互（flexibility）四项技术的简称。

市域尺度：构建城镇生活圈，优化资源配置，健全完善层级清晰的分级诊疗制度。建设"智慧校园"：建成集资源管理、信息化管理、统一用户认证于一体的西宁市教育公共服务平台。紧密型县域"医共体"实现全覆盖。探索实施"3+1+N"全科医生团队服务和家庭签约承包服务新模式，以传承创新特色中藏医药事业。具体来说，就是以"3"为核心，巩固以1名全科医师、1名护士、1名公共卫生医师组成的家庭医生团队服务基础；以"1"为桥梁，依托医疗集团、医联体、医疗总院，鼓励在团队中增加1名公立医院专科或综合临床专家，提高团队服务的专业化水平；以"N"为补充，各地按照实际需求，个性化安排中医师、康复医师、保健医师、心理咨询师、公共营养师等技术人员加入团队，形成医疗与健康全程服务链条。

第 17 章

乌鲁木齐市人居环境
绿色发展建议

17.1 ▸ 人居环境概况与特征

17.1.1 区位与定位

乌鲁木齐地处中国西北地区新疆中部、亚欧大陆中心、天山中段北麓、准噶尔盆地南缘，东与吐鲁番市接壤，西与昌吉市为界，南与托克逊县相连，西南与和静县为邻，北与吉木萨尔县、阜康市分界，是第二亚欧大陆桥中国西部桥头堡、中国向西开放的重要门户城市、面向中亚西亚的国际商贸中心和丝路重要节点城市（图17-1）。在新发展

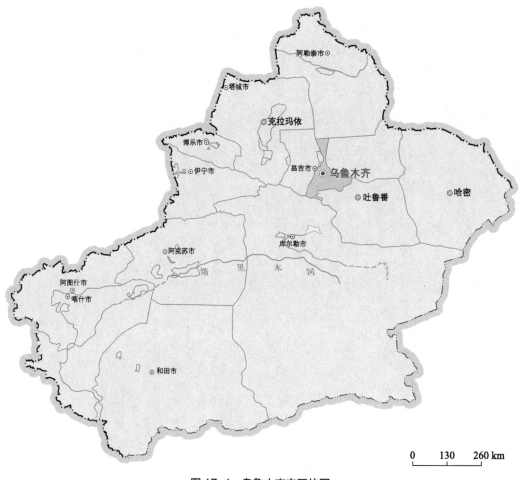

0   130   260 km

图 17-1 乌鲁木齐市区位图

格局中"西引东来""东联西出"的独特区位优势突出。

乌鲁木齐市是新疆维吾尔自治区首府，新疆政治、经济、文化、科教和交通中心，也是中国西北地区重要的中心城市。在加快丝绸之路经济带核心区的建设中，乌鲁木齐以国际陆港区为先导，打造五大中心城市——商贸物流中心、交通枢纽中心、文化科教中心、医疗服务中心、区域国际金融中心。

17.1.2 规模与产业

据《2021 年乌鲁木齐市国民经济和社会发展统计公报》与《2021 年城市建设统计年鉴》，乌鲁木齐市作为西北地区第二大城市，2021 年常住人口共 407 万人，城区常住人口共 390.91 万人，为 I 型大城市；城区人口密度较高（4642.14 人 $/km^2$）；全市辖 7 区 1 县［天山区、沙依巴克区、高新技术开发区（新市区）、水磨沟区、经济技术开发区（头屯河区）、达坂城区、米东区、乌鲁木齐县］，总面积共 1.38 万 km^2，其中建成区面积 536.20 km^2（乌鲁木齐市人民政府，2023）、城市建设用地面积 456.24 km^2。

2021 年，乌鲁木齐市城镇化率高达 96.1%，全国城市排名第二。人均 GDP 为 9.1 万元，高于全国平均水平（8.1 万元）。乌鲁木齐市第二产业占经济总量的比重达 28.17%，第三产业占经济总量的比重达 71.07%。

17.1.3 气候与形态

1. 气候条件

乌鲁木齐位于天山北坡，属于中温带大陆性气候，处于严寒气候区。日照丰富，太阳辐射强烈，冬季漫长且严寒，夏季干热，气温年较差和日较差均大，年平均气温为 6.75℃，最热月平均气温为 18℃，最冷月平均气温为-4℃（图 17-2）。雨量稀少，气候干燥，冬季以西北风为主，夏季以南风为主（图 17-3）。

2. 地形地貌

乌鲁木齐地处天山山脉中段北麓、准噶尔盆地南缘，"三面环山、东西扼喉、红山居中、三水穿流、农田北踞"，总体地势为东南部较高，西北部平缓，大致分为山地、山间盆地与丘陵、平原三个梯级，地势起伏悬殊。山地面积广大，占总面积的 50% 以上，北部冲积平原不及总面积的 1/10，市区平均海拔 800 m。区域内有乌鲁木齐河、头屯河、白杨河、柴窝堡湖等水系，乌鲁木齐河自西南向北斜贯市区（图 17-4）。

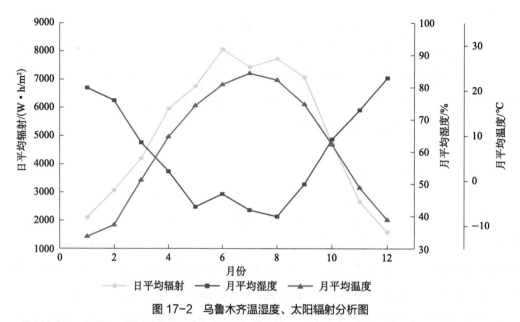

图 17-2　乌鲁木齐温湿度、太阳辐射分析图

资料来源：国际能源天气计算数据库（https://www.ashrae.org/technical-resources/bookstore/weather-data-center）

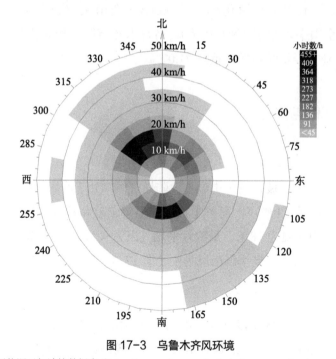

图 17-3　乌鲁木齐风环境

资料来源：国际能源天气计算数据库（https://www.ashrae.org/technical-resources/bookstore/weather-data-center）

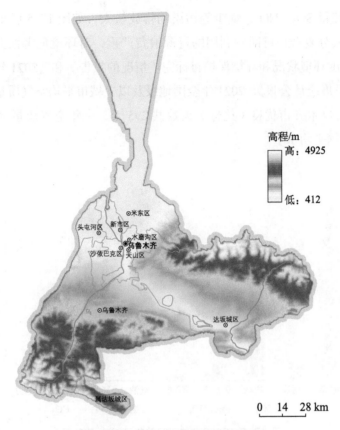

图 17-4　乌鲁木齐市域地形地貌图

17.2 绿色发展面临的问题

17.2.1 产业结构层次不高，工业依赖传统能源

1. 产品结构层次不高，产品结构不合理

乌鲁木齐工业产品的种类、数量不少，但大都是初级产品，可供直接消费的深加工产品不多；高端产品少、低端产品多，受消费者欢迎的名优产品更少，缺乏享誉全国和国际的品牌。

2. 污染物排放量大，空气质量较差

乌鲁木齐市产业结构偏重工业，能源结构以煤为主，其工业体系对原煤和焦炭的依赖度过大，使得 SO_2、NO_2、烟尘等污染物排放量大，如图 17-5 所示。乌鲁木齐市工业固体废物成分复杂，可回收利用的资源浪费严重，对环境危害性大。根据《国务院关于 2021 年度环境状况和环境保护目标完成情况的报告》和《2021 年乌鲁木齐市国民经济和社会发展统计公报》，2021 年全国地级及以上城市平均空气质量优良天数比例为 87.5%，而乌鲁木齐市优良（达标）天数共 295 天，全年空气质量优良天数比例为 80.8%，低于全国平均水平。

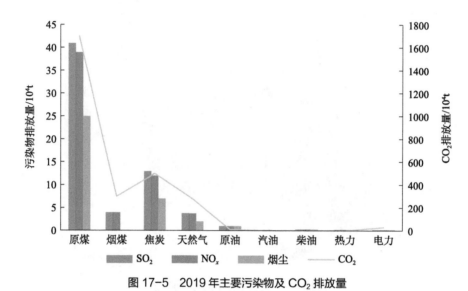

图 17-5　2019 年主要污染物及 CO_2 排放量

资料来源：《乌鲁木齐统计年鉴 2020》

17.2.2　水资源严重缺乏，绿地景观空间破碎

水资源不足且分布不均，水库使用率不高，水资源缺乏统一管理。根据《2019 年新疆水资源公报》，乌鲁木齐市人均水资源量共 289.93 m^3，大大低于国际公认最低需水线（1000 m^3）。冰川融水、地表径流和地下径流是乌鲁木齐市主要的水资源，降水是水资源的补给来源，但其年降水量（223 mm）仅达全国平均水平（691.6 mm）的 1/3，属于降水较少的城市；乌鲁木齐供水工程建设落后，缺乏主干控制工程和水利基础设施，已建成的水库实际利用率不高，水资源的调节能力不足，导致水资源与经济发展状况极不协调；乌鲁木齐水资源管理经验不足，水资源受到污染，对地表水与地下水、城市工业用水、生活用水等缺乏科学系统的综合规划，缺乏统一的管理机构，水环境监测系统不健全。

景观格局破碎，生态系统不稳定，生态网络不完善。城镇过度蔓延增加了绿地景观的破碎化程度，加剧了绿地景观斑块形状复杂性和景观空间结构的不稳定性，导致景观自我调节能力降低。同时，建设用地扩张，导致耕地、草地减少，生态安全度降低且生态网络不完善。乌鲁木齐西南部与东部的生态斑块之间出现明显的断层现象，阻碍了 2 个大型斑块之间的交流，降低了整体景观的连通性，影响了生态网络的循环运转，导致景观破碎化现象的出现。

城区绿化建设不成体系，景观设计单调乏味。《2020 年城市建设统计年鉴》显示，乌鲁木齐市城区人均公园绿地面积较低，与西北五省（自治区）平均水平相差较大；其建成区绿地率和建成区绿化覆盖率较高，已达到西北五省（自治区）平均水平（表 17-1）。现有绿化在主要街道和中心街区进行显性建设，未从生态学角度考虑绿地的综合生态效益，建设的绿地无法形成良好的点、线、面网络结构体系，既无法发挥绿地的最大生态效益，又无法塑造完整独特的城市景观。

表 17-1　2020 年乌鲁木齐市绿化指标统计表

绿化指标	建成区绿地率 /%	建成区绿化覆盖率 /%	人均公园绿地面积 / m²	公园个数 / 个
西北五省（自治区）平均值	37.11	38.86	14.92	17
乌鲁木齐市	38.00	40.54	10.82	—

资料来源：《2020 年城市建设统计年鉴》

17.2.3　传统能源消费城市，建筑节能问题严峻

根据《2020 年全国矿产资源储量统计表》和《2021 年中国风能太阳能资源年景公报》，乌鲁木齐市能源结构以煤为主，消费结构不合理、效率低。乌鲁木齐能源储量以化石能源（煤）、太阳能和风能为重要组成部分，能源企业生产保持总体稳定。乌鲁木齐作为典型的传统能源消费型城市，能源消费量高，整体位居西北五省（自治区）各市第六，以工业企业能源消费量为主[①]，承担了全省主要的能源消耗型工业生产任务。乌鲁木齐市能源效率低，能源转型任务艰巨，在能源发展及节能降耗中存在问题，能源消费结构不合理，对煤炭依存度过大（表 17-2）。

---

① 资料来源：《乌鲁木齐统计年鉴 2019》。

表 17-2　2020 年乌鲁木齐分行业能源消费情况　　　　（单位：万 tce）

地区	规模以上工业企业能源消费量	建筑业能源消费量	城镇居民生活能源消费量	交通运输、仓储邮电能源消费量
乌鲁木齐	2046.29	92.33	155.81	87.03
新疆	8996.72	179.05	1082.10	865.61

资料来源：《乌鲁木齐统计年鉴》(2014~2019)、《新疆统计年鉴 2021》、《中国能源统计年鉴 2021》

注：①规模以上工业企业能源消费量由 2013~2018 年新疆规模以上工业企业能源消费量数据计算得出；②建筑业能源消费量由新疆建筑业能源消费量、新疆建筑业企业房屋建筑施工面积和乌鲁木齐市建筑业企业房屋建筑施工面积计算得出；③城镇居民生活能源消费量由乌鲁木齐市常住人口数量、新疆常住人口数量和新疆城镇居民生活能源消费量计算得出；④交通运输、仓储邮电能源消费量由乌鲁木齐市总家庭户数、新疆总家庭户数和新疆交通运输、仓储邮电能源消费量计算得出

　　建筑供热能耗高，强度大，节能问题严峻。据《2018 年城乡建设统计年鉴》，截至 2018 年，乌鲁木齐市既有建筑面积为 18 454.23 m²，供热总面积为 17 988.7 m²，几乎所有建筑都存在冬季供热。在既有建筑中，非节能建筑占 36%；非节能居住建筑占居住建筑的 30%；非节能公共建筑占公共建筑的 46%。2016~2020 年，乌鲁木齐市集中供热总量远超出北方集中供热总量平均线，原因是其供热建筑面积远大于北方其他城市，供热量总体呈缓慢递增的趋势。乌鲁木齐供热强度接近北方集中供热强度平均线，总体呈递减的趋势（图 17-6~图 17-9）。冬季采暖人均耗煤约 3.96 tce，位居全国城市人均

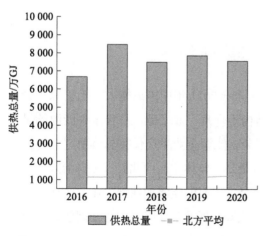

图 17-6　2016~2020 年乌鲁木齐集中供热总量
资料来源：《2020 年城乡建设统计年鉴》

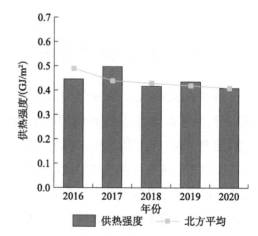

图 17-7　2016~2020 年乌鲁木齐供热强度
资料来源：《2020 年城乡建设统计年鉴》

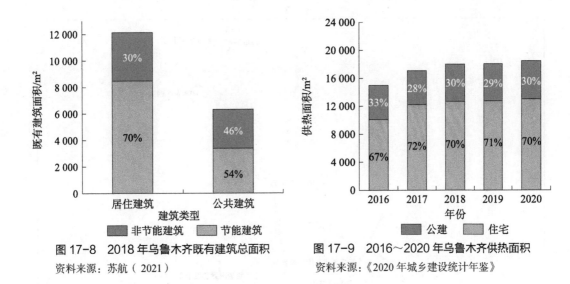

图 17-8　2018 年乌鲁木齐既有建筑总面积
资料来源：苏航（2021）

图 17-9　2016～2020 年乌鲁木齐供热面积
资料来源：《2020 年城乡建设统计年鉴》

耗煤量首位，平均每平方米建筑采暖耗原煤约 47 kg，是国家民用建筑节能设计标准规定的 17 kg 的 2 倍多，是发达国家的 5～8 倍。

17.2.4　文化保护传承不足，公共服务设施基础薄弱

乌鲁木齐城市建设现状与发展目标还存在差距。"十四五"规划提出，将乌鲁木齐市建设成"商贸物流中心、交通枢纽中心、文化科教中心、医疗服务中心、区域国际金融中心"，但现状发展仍存在以下局限。

第一，都市圈内外交通联系不强，城市内部交通拥堵，与建设丝绸之路交通枢纽中心的要求存在差距，对重大发展战略支撑仍然不足，以乌鲁木齐国际陆港为核心枢纽、以地州中心城市为区域枢纽、以边境口岸为支撑的新疆国际陆港发展格局尚待完善。城市道路网呈峡谷状，道路连通性差，起伏不平，坡度大。由于路网密度较低，城市的"蜂腰"、地势条件及错位畸形交叉口等共同作用，使得乌鲁木齐市的主干道拥堵严重，主要道路接近饱和。

第二，城市文化空间呈"一核多点、分级集聚"的特点（图 17-10、图 17-11），文地率偏低。城市文化空间分布呈"中心集聚 + 外围扩展"型，主要集聚在城市中部地区，不同分区形成不同的集聚中心。文化设施分级分布，形成四级公共文化服务网络；文化用地主要为纪念用地和文化设施用地（图 17-12）。相对于西安市、西宁市等省会城市，乌鲁木齐市文地率偏低；对文化遗产资源挖掘利用度不足；各类文物保护水平有待提高。

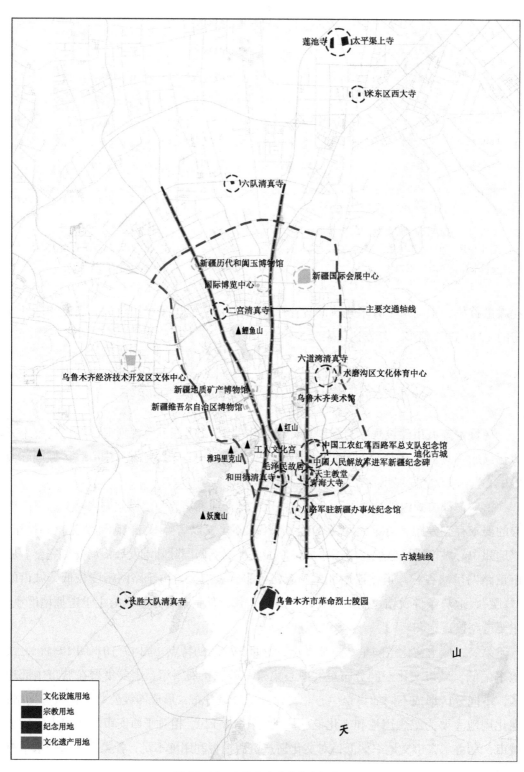

图 17-10 乌鲁木齐市文化空间格局

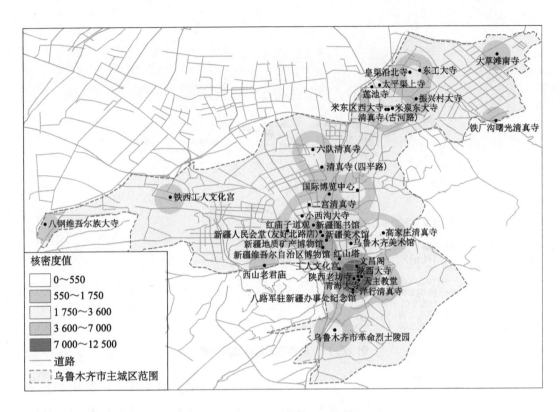

图 17-11 乌鲁木齐城市文化空间核密度

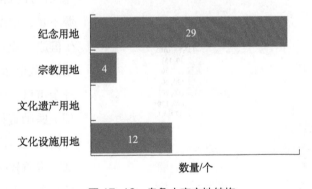

图 17-12 乌鲁木齐文地结构

注：文化遗产用地无统计数据

　　第三，乌鲁木齐区域性公共服务设施共享程度低，辐射能力有限。乌鲁木齐都市圈内 50% 的区县到市中心的最短时耗在 1 h 之内，奇台县和木垒哈萨克自治县时耗较长，大于 2 h（图 17-13）。市域公共服务人才队伍结构配置不合理，空间分布不均。由第六章的公共服务设施评价可知，乌鲁木齐整体公共服务设施供给水平略高于全国平均水

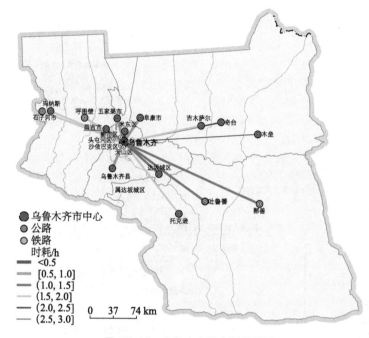

图 17-13　乌鲁木齐都市圈时耗图

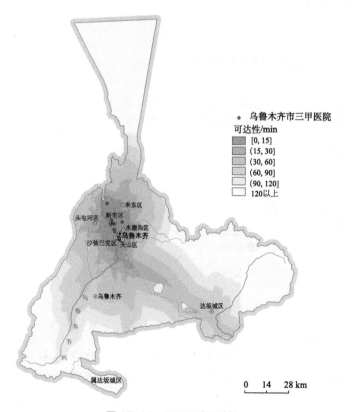

图 17-14　三甲医院可达性

平。但人才队伍结构配置不合理，高层次人才流失严重，基层医疗机构卫生技术人力资源不足，根据《乌鲁木齐市卫生健康事业发展"十四五"规划》，截至 2020 年底，乌鲁木齐全市村卫生室具有执业（助理）医师资格的仅占 35.59%；师资队伍结构配置不合理，"双师"素质教师所占比例明显偏低。乌鲁木齐公共服务设施空间布局整体呈现"核心—边缘"结构，设施集聚核心和优质资源均位于主城区。就可达性而言，达坂城区、米东区大部分区域可达性超过 2 h（图 17-14）。

17.3 绿色发展建议

17.3.1 发展绿色新兴产业，推动工业转型升级

推动资源能源密集型产业绿色发展：加大油气资源勘探开发，推动生物降解树脂等化工新材料项目加快建设，促进石油化工中下游、新材料等产业聚集发展。推动煤制烯烃、乙烯等一批现代煤化工项目开工建设，促进煤化工产业向高端化、多元化、低碳化聚集发展。

推动战略性新兴产业创新发展：围绕铝基、硅基、铜基国家战略性新兴产业特别是先进结构材料产业集群和新一代信息技术、生物医药、新能源、新材料、高端装备制造、绿色环保等战略性新兴产业，布局创新链，提升价值链。

推动优势产业集群发展：着力发挥大企业、大集团的带动作用，吸引延链、补链、拓链、强链项目落地，打造一批以石油化工、煤化工为代表的产业集群。

17.3.2 加强水资源再利用，促进城镇绿洲融合

优化水资源利用，建设节水型城市：通过"退二进三"①的策略调整产业结构，降低高耗水工业比重；加强城市基础设施的建设和改造，提高城市集中供水能力，加强水资源的深度开发和再利用（中水利用），提高污水处理能力和污水资源化；制定切实可行的水资源保护对策，尤其是地下水，一方面建立有效地下水源卫生防护带，另一方面加强地下污染的治理；加强水资源保护管理立法，严格保护饮用水源，建立权威的综合管理机构，加强对城市水资源的开发利用和治理保护工作的统一管理。

完善公园体系，创建特色干旱区生态绿化城市：打造"三列六线、环网多廊、分层多园"的绿化格局，构建蓝绿网络系统绿化本底。建设以综合公园、专类公园、社区公园为主的公园体系，增加公园绿地总量，提升城市道路绿化品质，加强立体空间绿化建设，在沿街闲置空间建设口袋公园，增加城市绿色休憩空间。实施国土绿化行动，坚持将国土绿化与应对气候变化有机结合，加强湿地生态保护修复，将生态保护修复与园林

---

① "退二进三"指在产业结构调整中，缩小第二产业，发展第三产业。

美学有机结合，形成城市植物层次多样、景观类型丰富的生态格局，创造出富有特色的干旱区生态绿化城市。

17.3.3 优化新型能源体系，促进绿色发展方式

构建清洁低碳、安全高效、科技智慧的能源体系：大力发展新能源和可再生能源，严控煤炭消费量。充分利用风能、光热条件、水量丰沛等自然资源优势，依托现有产业基础，分类建设风电、光伏发电项目，加快建设乌鲁木齐清洁能源示范基地，积极推进乌鲁木齐清洁能源产业发展。加强能耗"双控"管理，严格控制能源消费增量和能耗强度。鼓励煤炭高效集约清洁化利用，提高原煤质量。加速推进终端用能电气化，以新能源替代化石能源，促进二氧化碳减排和能源结构优化，促进能源生产消费结构向清洁低碳方向转型升级。落实国家能源发展战略，不断增强资源产业供应能力，围绕国家"三基地一通道"定位，推进煤电、油气、风光储一体化基地示范建设，加快实施能源重大工程。全面提升能源供应保障能力，构建清洁低碳、安全高效的能源体系。将智慧光伏＋数字能源解决方案专利有效落地新疆，通过科技助力清洁能源发电，持续提高绿色电力比例，发展数字化能源管理。

发展绿色、低碳、循环的建筑节能技术。既有居住建筑存在总量大、供热面积大的问题，其节能改造应从围护结构选型设计、被动式太阳能光热技术、夏季遮阳等出发。对于公共建筑，因其体量大、进深长，尤其需要注重夏季通风与制冷。其节能改造应以合理的自然通风、蒸发冷却制冷为主。

17.3.4 加强历史文化保护，构建民族融合城镇

实施区域协调发展战略，健全区域协调发展体制机制，培育乌鲁木齐都市圈。推进以人为核心、以提高质量为导向的新型城镇化建设，推动城乡融合发展。

建设交通枢纽中心，构建生态型大交通格局。加强都市圈内外交通联系，构建以乌鲁木齐为中心，以兰新高铁、兰新铁路为主干的更完备的铁路网络，推进乌鲁木齐至喀什、乌鲁木齐至霍尔果斯的高速铁路规划建设工作，助力乌鲁木齐成为中亚地区的交通枢纽中心。按照绿色发展理念，依托互联网、大数据等信息化技术，基于交通综合信息平台持续深入开展多源数据融合分析及应用工作，助力乌鲁木齐打造更为便捷、高效、智慧、绿色的生态型大交通格局。

文化和旅游兵地融合发展，建设文化中心。牢固树立"一盘棋"思想，以"五共同

一促进"为抓手，不断拓展文化和旅游兵地融合发展的深度和广度，推进乌鲁木齐市与新疆生产建设兵团第十二师开展资源共享、客源互送，构建优势互补、差异化发展的文化和旅游合作格局。依托"丝路文化"建设文化中心，加强沿线国家文化合作交流，建设一批富有文化底蕴的旅游景区和度假区，打造一批文化特色鲜明的旅游休闲街区。增加文化空间配置，改善文地结构，挖掘各种文化资源，提高文化资源富集度；利用宗教文化，形成自身特色。

构建民族和谐宜居生活圈。针对城市近郊区、工业区优化配置新建学校，满足各族学龄人口入学需求，重点提升回族、哈萨克族等少数民族聚居社区享受教育设施的机会，解决工业新区配套居住组团就学难问题，实现多民族集聚城市教育设施布局的社会公平，实现文化、医疗、体育等方面互联互通一体化发展。

第 18 章

石河子市人居环境

绿色发展建议

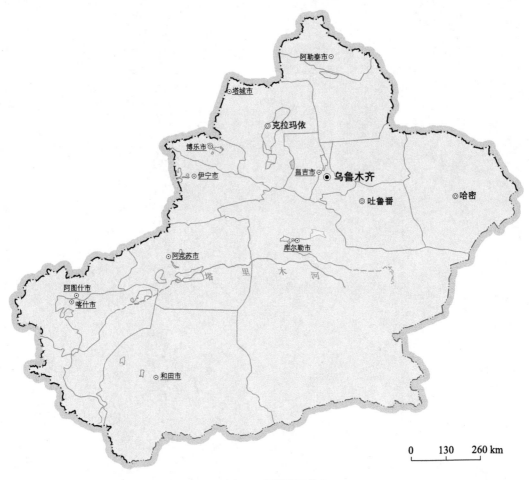

18.1 人居环境概况与特征

18.1.1 城市自然地理特征

石河子市地处西北五省（自治区）中的新疆维吾尔自治区（图18-1），位于天山北麓中段、准噶尔盆地南部。石河子市三面环沙、一面临河，地势平坦，地处欧亚大陆腹地，属典型大陆性气候，冬季长而严寒，夏季短而炎热。水资源较为丰富，境内有玛纳斯河、宁家河、金沟河、大南沟、巴音沟河5条河流，各河均发源于天山山脉北坡中段的伊连哈比尔尕山

0   130   260 km

图 18-1　石河子市区位图

脉，河流灌溉年度总径流量为 23.81 亿 m³。由南向北流至准噶尔盆地，地下水共 5.54 亿 m³。

石河子市曾为新疆生产建设兵团总部所在地，石河子垦区以石河子市为核心，南依天山，北临古尔班通古特沙漠，垦区地形由南向北依次为天山山区、山前丘陵区、山前倾斜平原、冲积洪积平原、风积沙漠区。山区、丘陵区分布有辽阔的草原，水草丰美，是良好的牧场；其他各区原为荒原、苇湖、碱滩、荒漠，现多已开垦，成为主要的农耕区。

石河子市公共服务设施配置不均衡，教育医疗设施主要集中在主城区，石河子垦区教育医疗设施供给能力远小于主城区（图 18-2、图 18-3）。

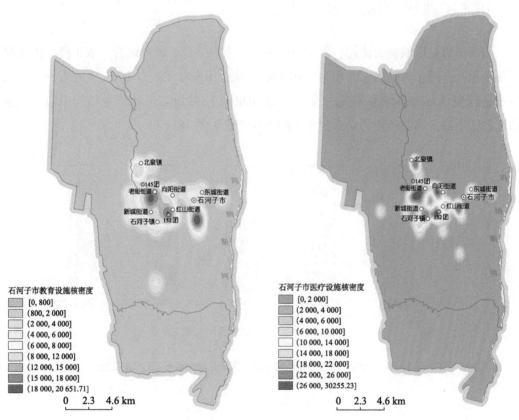

图 18-2 石河子市教育设施核密度分析
资料来源：依据网络开源数据 POI 绘制

图 18-3 石河子市医疗设施核密度分析
资料来源：依据网络开源数据 POI 绘制

18.1.2 城市历史人文概况

石河子市是新疆少有的以汉族聚居为主的城市，是由军人选址、军人设计、军人建造的一座以汉族文化为主、多元文化融合的戈壁新城。1950 年春，中国人民解放军第二十二兵团的将士们进驻茫茫戈壁石河子，拉开屯垦戍边的序幕。70余年来，几代兵团人继承"建一座城市留给后人"的初心使命，用智慧、汗水乃至鲜血、生命谱写了"沙漠变绿洲、戈壁建新城"的壮丽诗篇，是中国"屯垦戍边"的成功典范，创造了"人进沙退"的世界奇迹。在半个多世纪的历史进程中，形成了浓郁的集"开拓性、群众性、开放性、多元性"于一体的军垦文化，艰苦朴素、敢为人先的红色文化传统，以及保家卫国、屯垦戍边的家国情怀。

18.1.3 城市经济产业发展概况

石河子市是以农业为依托、以工业为主导、工农结合、城乡结合、农工商一体化的军垦新城。石河子市辖区总面积为 6007 km²，2022 年末常住人口为 73.74 万人，全年石河子垦区实现 GDP 844.33 亿元，全年人均 GDP 110 697 元。三次产业结构中第一产业占比趋于下降，第二产业仍是石河子市的主导产业（图 18-4）。

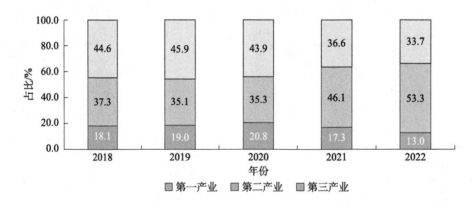

图 18-4　2018～2022 年石河子市三次产业增加值占 GDP 的比值

18.1.4 未来城市发展定位

戈壁明珠——石河子是新疆西部大开发的桥头堡、向西开放的前沿阵地和繁荣新疆、展示兵团风貌的重要"窗口"。石河子市作为沙漠戈壁城市，坚持以创新、协调、绿色、开放、共享的新发展理念为发展方向，以"公园城市"为建设目标，立足城市空间格局，对沙漠进行绿化建设与环境改善，引导城市生态建设，打造"半城绿树半城楼"的生态宜居之城，塑造成兵地融合、绿色宜居的沙漠绿洲城市典范。

18.2 绿色发展面临的问题

18.2.1 生态环境脆弱，人居环境欠佳

石河子垦区地处沙漠边缘，植被种类单调，土地盐碱化严重，自然生态环境脆弱，城镇无序扩张与脆弱生态环境之间矛盾突出，城市人居环境欠佳。"一带一路"建设给石河子市带来发展机会，导致用地需求不断扩张，城镇的过度开发建设逼近甚至超过了当地生态容量与环境承载力，对当地脆弱敏感的生态环境形成较严重的威胁，尤其是复杂地形地貌区的人地矛盾更为突出，城市宜居品质较低。

18.2.2 水资源利用率低，保护制度待完善

石河子水资源匮乏、空间分布不均且用水结构不均衡，垦区水利设施和用水结构偏重于农田灌溉，生态平衡受到影响，过量开采地下水资源导致下游地区植被枯化、土地沙化，水源保护相关制度尚需完善。水资源是石河子城市发展的生命线，石河子水资源总量仅为 0.15 亿 m^3，人均水资源占有量为 25 m^3，是全国最缺水的城市之一。同时，石河子用水效率低、非传统水资源利用不足以及水环境问题制约着城市的发展。随着石河子城市经济发展、人口持续增加，水资源需求量不断增大，水资源的过度利用使河流出现了断流问题，亟须完善相关制度进行保护。

18.2.3 城市特色不显著，文化空间建设不足

石河子市是由军人管理建设的城市，有着浓厚的军垦文化，军垦文化资源丰富，有兵团军垦博物馆、周恩来总理纪念馆、艾青诗歌馆、军垦第一连等军垦文化景区，但文化资源挖掘力度不足，城市特色不显著，文化空间建设稍显单调且缺乏明确的引导。剪纸、烙画、凉皮制作等民间传统技艺是极富军垦文化特色的非物质文化遗产，但在城市规划中对这些传统文化的保护与传承较少。同时，存在文化空间占比低，文化用地不足、分布不均等问题。在基础设施配置方面，石河子公共服务设施存在空间分布不均衡、供给不充分、使用不方便等问题。

18.3 绿色发展建议

18.3.1 优化绿化建设，提升宜居品质

明确"先栽树、后铺路，以树定路、以树定规划"的建设思路，改善沙漠环境，建设绿色防护屏障。响应时代发展需求，统筹城市绿地规划与城市总体规划，协调绿地系统与水系、道路系统，优化绿化景观与军垦风貌，坚持绿化多色彩与树种多样性相统筹的原则，营建"城在园中，园在城中，揽山入怀，纳水入城"的城市风貌。

秉承公园城市建设理念，提升城市宜居品质。通过见缝插绿、拆墙透绿、植绿造绿的方式，改造重要道路节点和街头绿地，增加居民休闲游憩的绿地面积，优化原有的园林场所，提升城市人居环境品质；开展"一环十带百园千景万绿"生态工程建设，突出城市绿化景观，塑造"城有水、水穿城、水城一体"的特色空间格局，打造全域生态公园城市。

塑造本土生态景观，形成地域特色风貌。以将军山的景观风貌为底，铺设景观小路，增加水生植物涵养区、观赏亭、园林景观。以玛纳斯河绿道生态保护为基础，打造城市生态防护景观带、近城居民活动空间、郊野休闲绿道等。结合本地自然资源与文化特色，建设百里草原丹霞风光带、将军山庄园休闲带、环城绿带、明珠河城市休闲带、军垦城市历史风貌区、"八一"记忆文化产业园区等。

18.3.2 严格保护水源，增强城市韧性

开源节流高效用水，完善水源管理机制。实行多项措施保护本地水资源，采用跨流域调水等方式保护城市水源，增强原水的保护强度和利用效率，必要时退地减水，减轻城市农业用水对城市用水的压力。加强水资源开发利用控制红线管理，严格实行用水总量控制，严格控制入河湖排污总量，全面推进节水型社会建设；建立水资源管理责任和考核制度、健全水资源监控体系、完善水资源管理体制、完善水资源管理投入机制、健全政策法规和社会监督机制，确保水资源管理制度贯彻落实。

保障河水水源安全，推进河长管理制度。落实河湖水域岸线管理利用保护规划和河湖管理保护范围划界确权工作，切实保障河湖保护管理质量，配合玛纳斯河流域管理

局、沙湾市对兵地共管河流的岸线保护与利用规划，完成辖区内水源管理范围划定报告，为实现岸线资源合理有序利用和塑造健康河湖岸线提供重要依据；动态监测各级河长履职尽责，保障河湖管理落地实施，加强与流域其他市县协调联动，推进兵地一体化信息共享，开创当地河湖保护管理新格局。

增强城市韧性。评估石河子生态环境和城市建设采取多种方式、适宜的技术，系统地修复将军山、玛纳斯河等生态基底，改善生态环境质量；修补城市内部功能，补齐城市基础设施短板，提高城市公共服务水平，增强城市自我调节、自我恢复能力，持续改善和提高石河子城市韧性。

18.3.3 强化军垦主题，塑造城市记忆

充分挖掘城市军垦文化资源，整合新疆兵团军垦博物馆、艾青诗歌馆、广场群雕、风貌小区等，打造军垦城市历史风貌区；以国家记忆传承、文化艺术前沿、现代生活体验、兵团智慧旅游、旧工厂改造、大文创＋旅游为代表项目，建设军垦记忆文化产业园区；立足本地特色资源，打造军垦体验和拓展训练基地，推动军垦文化和城市发展。

第 19 章

乌苏市人居环境
绿色发展建议

19.1 人居环境概况与特征

　　乌苏位于新疆维吾尔自治区塔城地区，为县级市，行政区面积约为 2.07 万 km² （图 19-1）。乌苏为农业型城市，市域内分布有多个农牧团场。约 150 万亩土地种植着水稻和棉花，约 200 万亩的牧场饲养着牛和羊。乌苏也是资源型城市，有丰富的煤炭资源和太阳能资源，还有以奎屯河、四棵树河、古尔图河三大河系为主干的地表水及丰富的地下水资源。

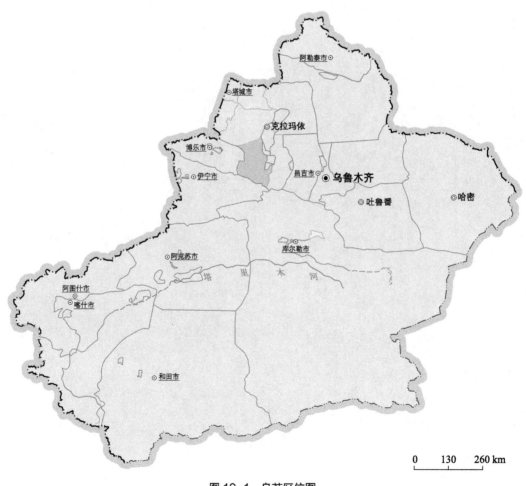

图 19-1　乌苏区位图

19.1.1　城市规模与自然气候特征

1. 城市规模

乌苏市辖 10 镇、7 乡、1 个林场、5 个街道办事处、120 个行政村，39 个社区化管理的农牧业队、17 个城市社区。乌苏市属于高密度 Ⅱ 型小城市，行政区面积约为 2.07 万 km²，建成区面积约为 23.35 km²，2019 年全市户籍人口 21.46 万人，居住着汉族、哈萨克族、维吾尔族、回族、蒙古族等 24 个民族。乌苏市城镇化率较低，2019 年仅为 36.6%，低于新疆维吾尔自治区及全国平均水平（图 19-2）。

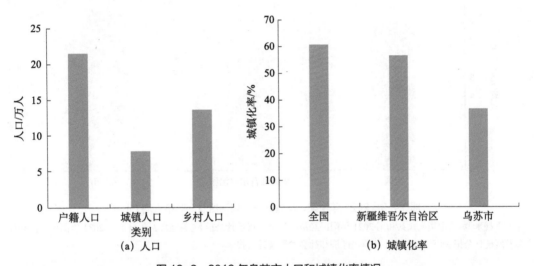

图 19-2　2019 年乌苏市人口和城镇化率情况

资料来源：乌苏市城区人口和城镇化率数据来源于乌苏市统计局（2020），全国城镇化率数据来源于《中国统计年鉴 2020》，新疆维吾尔自治区城镇化率数据来源于《新疆统计年鉴 2020》

2. 自然气候特征

乌苏地处北温带干旱地区，属典型大陆性气候，四季分明，冬夏长，春秋短；天然降水量偏少且全年分配不均，其中夏季降水量多，其他季节降水量少；蒸发强烈，相对湿度小；年内温差变幅大，光照充足，全年实际日照时数为 2600～2800 h，极端最低气温为-37.5℃，极端最高气温为 42.2℃，气温年较差为 42.8℃。由于南北地形高差超过4000 m，因而境内气候又形成明显垂直分布的不同小气候区。气候从南到北大致分为山地气候、山麓气候、平原气候和荒漠气候 4 个气候区。

19.1.2 经济产业发展特征

乌苏市经济发展势头良好，2021 年人均 GDP 为 8.95 万元，高于新疆维吾尔自治区平均水平且略高于全国平均水平（图 19-3）。乌苏市产业结构整体发展层次较低，2022年第一产业增加值约为 106.4 亿元，占 GDP 的 42.95%，占比最大；2022 年农林牧渔业总产值约为 91.49 亿元，其中种植业产值最大，约为 74.98 亿元，占农、林、牧、渔业总产值的 81.95%（图 19-4）。乌苏市是以农产品为主的农业城市。

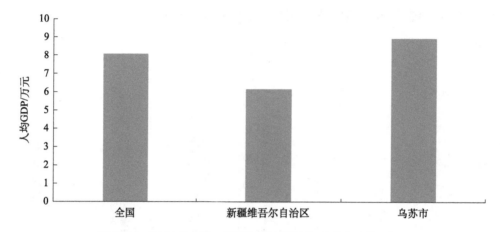

图 19-3　2021 年全国、新疆维吾尔自治区及乌苏市人均 GDP

资料来源：《中华人民共和国 2021 年国民经济和社会发展统计公报》《新疆维吾尔自治区 2021 年国民经济和社会发展统计公报》《乌苏市 2021 年国民经济和社会发展统计公报》

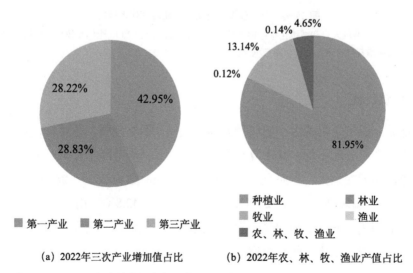

（a）2022年三次产业增加值占比　　（b）2022年农、林、牧、渔业产值占比

图 19-4　2022 年乌苏市三次产业增加值占比及农、林、牧、渔业产值占比情况

资料来源：《乌苏市 2022 年国民经济和社会发展统计公报》

1. 第一产业

乌苏市第一产业中农业和牧业发展速度快，其中农业规模大，农产品类型多。据《乌苏市 2022 年国民经济和社会发展统计公报》，2022 年全年农作物播种面积达 226.47 万亩，粮食作物产量达 22.58 万 t。由于乌苏市日照时间长，太阳能资源丰富，年平均日照时数 2665.6 h，无霜期 182 天，适宜种植棉花、番茄、玉米、蔬菜、瓜果等。乌苏市以棉花种植为主，2022 年棉花种植面积达 178.93 万亩，占农作物播种总面积的 79.01%（图 19-5）。当前，乌苏已发展成为国家优质棉基地和粮食基地。

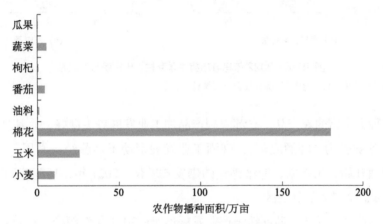

图 19-5　2022 年乌苏市农作物播种面积

资料来源：《乌苏市 2022 年国民经济和社会发展统计公报》

畜牧业是乌苏农村经济的特色优势产业与支柱产业。乌苏畜牧业以养羊业为主，根据《乌苏市 2022 年国民经济和社会发展统计公报》，2022 年末乌苏市猪牛羊存栏 62.03 万头（只），出栏 45.96 万头（只），其中羊存栏 53.20 万只，羊出栏 39.22 万只，分别占猪牛羊存栏总量的 85.76% 和猪牛羊出栏总量的 85.34%；2022 年末乌苏市猪牛羊产肉量达 14 879 t，其中羊肉产量最大，占比约 50.57%（图 19-6）。当前，乌苏已形成农区畜牧业和牧区畜牧业两种发展模式，且农区畜牧业发展速度更快。乌苏已成为我国的畜牧业基地。

2. 第二产业

乌苏市工业发展势头强劲，基本形成了电力、热力生产和供应业，农副食品加工业，酒、饮料和精制茶制造业，纺织业，石油加工、炼焦和核燃料加工业，化学原料和化学制品制造业等门类齐全、结构合理的工业体系，有了一批发展势头良好的企业。

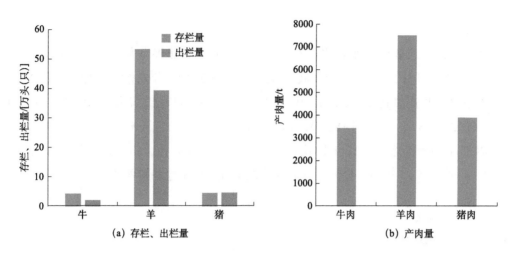

图 19-6　2022 年乌苏市猪牛羊存栏、出栏量和产肉量

资料来源：《乌苏市 2022 年国民经济和社会发展统计公报》

依托于种类丰富的农产品，乌苏农副产品加工业发展势头良好，尤其是啤酒工业势头强劲。乌苏被誉为"啤酒之都"，啤酒工业发展带动了乌苏经济发展。自 2019 年之后，乌苏啤酒开始走出新疆，迎来销量的爆发式增长。2021 年，乌苏啤酒销量达到 80万 t 以上，覆盖全疆大部分地区。

依托于棉花种植优势，乌苏纺织产业发展迅速，2021 年纺织产业产值达 7.27 亿元。乌苏纺织产业持续带动种植业、纤维加工业、服装等行业的发展。此外，由于周边的中亚各国纺织产业较落后，纺织用品需要大量进口，庞大的市场吸引内地企业来疆发展。

3. 第三产业

乌苏第三产业整体发展水平不高，据《乌苏市 2022 年国民经济和社会发展统计公报》，2022 年第三产业增加值为 69.90 亿元，占 GDP 的 28.22%。但是，乌苏第三产业中交通运输、仓储和邮政业，以及文化、体育和娱乐业发展潜力大。

依托于良好的区位优势，乌苏交通运输、仓储和邮政业初具规模。乌苏处于天山北坡交通网络中心地位，312 国道横穿市区，有奎赛高速公路、亚欧大陆桥从境内穿过，是阿拉山口、巴克图、霍尔果斯三大口岸通道的咽喉，毗邻工业区独山子区和商业城市奎屯，交通发达，信息畅通。乌苏已规划有多个物流园，承担了乌苏对内和对外的货物交易重担。

依托于多民族融合特点，乌苏文化娱乐丰富多彩。乌苏有着丰富的艺术、民间习俗及现代活动。其中艺术类以文艺团体和文学作品为主，民间习俗主要为那达慕大会、江格尔说唱、阿肯弹唱及其他民俗节庆活动，现代节庆主要为乌苏啤酒节、八十四户乡草莓采摘节、四棵树镇花儿美食文化节、三喜庄园西湖冰雪节等。

依托于优越的地文景观和丰富的人文活动，乌苏旅游业展示出极大的发展潜力。乌苏南部山区有连绵浩瀚的天山原始森林、天山山脉的胜利达坂、南山温泉、乌兰萨德克高山湖泊；中部平原区有草场、湖泊、中国最大的活泥火山群、"新疆的布达拉宫"——夏尔苏木喇嘛庙遗址、乌孙土墩墓葬群等；北部荒漠生态区有世界上保存最完好的 267 万亩原始白梭梭林。此外，乌苏啤酒节享誉新疆内外，带动乌苏旅游业快速发展。

19.1.3 能源发展特征

乌苏为区域资源型城市，富煤少油少气，拥有充足的太阳能资源。在传统能源资源方面，乌苏拥有准南煤田，其煤炭资源探明储量大，约有 8 亿 t，但油气资源探明储量少；在清洁能源方面，拥有丰富的太阳能和风能，太阳年总辐射量约 1450 kW·h/m²，70 m 高度风密度约为 125 W/m²。然而，乌苏各类能源年产量相对较低。

乌苏整体能源消费水平不高，能源年消费量占新疆维吾尔自治区比重较低。分行业来看，乌苏规模以上工业企业能源消费量最大，约为 49.44 万 tce；其次为城镇居民生活能源消费量，约为 15.46 万 tce，乌苏市人均生活能源消费量较大，为 2.07 tce；而乌苏建筑业能源消费量较小，仅为 1.21 万 tce（图 19-7）。

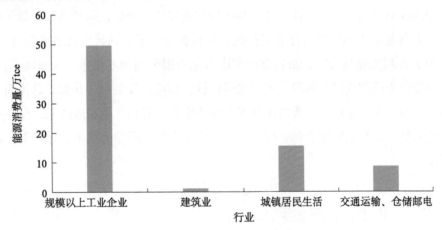

图 19-7　2019 年乌苏分行业能源消费量

资料来源：《中国能源统计年鉴 2020》《新疆统计年鉴 2020》《塔城地区 2019 年国民经济和社会发展统计公报》

注：规模以上工业企业能源消费量由塔城地区规模以上工业企业能源消费量按比例换算得到；建筑业能源消费量由乌苏建筑总产值、塔城地区建筑总产值和塔城地区建筑业能源消费量计算得出；城镇居民生活能源消费量由乌苏常住人口数量、塔城地区常住人口数量和塔城地区城镇居民生活能源消费量计算得出；交通运输、仓储邮电能源消费量由乌苏交通运输、仓储邮电的产值、塔城地区总产值和塔城地区交通运输、仓储邮电能源消费量计算得出

19.2 绿色发展面临的问题

19.2.1 农业发展多而不精且大而不优

当前，乌苏农业发展多而不精、大而不优，难以满足日益变化的市场需求。主要原因是乌苏地区发展落后，农民受教育程度低，思想意识落后，千家万户的农民难以适应千变万化的市场；分散游离的个体农民面对高度集约化的企业组织无所适从；品质参差不齐的农产品面对标准化、规范化的工业标准要求，既不对等也不适应。因而，乌苏农业产品难以做精做优。

19.2.2 区域间产业同质化严重

乌苏具有特色的农业产业，但当前乌苏产业发展与"金三角"（奎屯—独山子—乌苏）其他地区同质化严重，未能有效协调区域产业发展。例如，虽然乌苏石油天然气原料缺乏，但乌苏仍大力发展石化加工产业，与新疆独山子天利高新技术股份有限公司、新疆独山子天利实业总公司、新疆奎山宝塔石化有限公司相互竞争；又如乌苏、奎屯、独山子都在全力规划建设高标准的商贸物流园区，物流业发展模式相似。总体而言，乌苏与奎屯、独山子在定位、产业协作分工方面不明确，各自产业自成体系，存在严重的产业同构现象，相互之间在资源、项目、投资等方面展开激烈的竞争，导致重复投资和重复建设。

19.2.3 能源资源开发利用不当

乌苏市地广人稀，且太阳能资源丰富，年平均日照时数达 2665.6 h，适宜推广太阳能发电。但当前乌苏地区太阳能发电装机容量不高，本市大型发电厂仍主要依靠煤炭供应，未能规模化开发利用太阳能发电，导致大量的太阳能资源浪费及污染物排放。此外，近年来，乌苏工业快速发展，天然气需求不断增加，但未建设天然气调峰设施，导致天然气供应能力不足，阻碍了能源的高质量发展。

19.3 绿色发展建议

乌苏应依托优越的自然环境和农牧资源条件，打造三次产业融合发展的农牧业全产业链，助推乌苏绿色发展。

19.3.1 构建现代农业体系，推进农业产业化发展

遵循市场规律，调整产业结构，按照做大做优的要求，推进生产方式的转变，构建现代农业发展格局。乌苏地区应着重从以下方面推进第一产业发展。

转变农业发展方式，推进农业现代化发展。乌苏应依托农业资源优势，大力发展农业观光游，进一步开发无公害葡萄采摘园、垂钓庄园、农家乐、草莓采摘园等基地，以带动农业转型，促进传统农业向现代观光型休闲农业转型。同时，紧紧围绕棉花、玉米、番茄等特色产业，培育一批辐射面强、带动力强、科技含量高的农产品加工企业，切实提高特色农产品的影响力和附加值。

提高农民组织化程度，使农民积极适应千变万化的农业市场。以村党支书、村委会为组织基础，以政府扶持辅助为引导，培育农民经纪人队伍，建立农村合作组织，使其成为千家万户的农民面向市场的桥头堡。同时，培育农产品专业市场，建立农产品龙头企业，使其成为千变万化的市场面向农村的桥头堡。

发展以农区畜牧业为主、草原畜牧业为辅的大农业。继续实施三个转变，将草原畜牧业向农区畜牧业转变、传统畜牧业向现代畜牧业转变、以种植业为主的大农业向以现代畜牧业为主的大农业转变。重点推进饲草基地建设，并大力扶持小农户、培育大农户，使得以"萨福克"为主的优质肉羊品种得到改良、扩繁、市场化。

19.3.2 推进新型工业化建设，探索第三产业发展模式

遵循区域协调发展原则，构建适合奎屯—独山子—乌苏的"金三角"地区资源共享机制，发展各地区特色优势产业，减少产业同质化竞争，实现区域协调发展。

围绕丰富的农业资源，着力发展农副产品精深加工产业。按照"建基地、强龙头、联农户、闯市场"的原则，把龙头企业建到田间地头，大力推进农副产品精深加工产业

发展，着力打造以棉花、玉米、番茄、粮食、蔬菜、油脂、饲料及肉产品加工为主的农副产品加工产业群，延伸玉米加工链，稳定番茄加工能力，扩大畜产品加工能力及范围，优化啤酒产品结构，促进农产品加工业结构升级。

推进装备制造业发展，为农业现代化提供条件保障。按照"高科技含量、高科技装备、高附加值"的原则，大力推进乌苏农林牧业、石油化工、矿山设备、食品加工等机械制造业的发展。重点推动农牧机械、园林机械、农牧运输、农机作业等装备制造业的发展，为农业现代化提供条件保障。

依托区位优势，着力发展现代仓储物流业，将农产品大规模推出疆外。启动以大宗农产品、危险化工产品和矿产品为主的物流基地建设，努力把乌苏建成"东联西出"的物流中心和区域农资、农副产品集散中心。积极引进经验丰富、业务成熟的物流企业入驻，提升乌苏招商引资竞争能力。

以啤酒文化为载体，推动文旅融合发展。按照"整合资源、挖掘潜力、突出文化、塑造特色"的思路，以"讲好故事、建好环境、做好服务、树好名声"为方法，以乌苏啤酒节和农家乐为载体，突出城市休闲游、生态观光游和民俗风情游，认真研究 200 km 旅游半径的目标群体，着力打造精品旅游市场，发展具有乌苏地域特色的旅游产业。

19.3.3　加快能源转型，探索农光互补和牧光互补发展模式

推进能源与农业协同发展，探索农光互补发电项目建设。积极推进"一地两用""一地多用"，一块土地在发展农业的同时，利用空间安装太阳能发电系统，从而做到"农业与发电两不误"，实现土地综合利用和节约土地资源的目的。乌苏地区可探索实施将光伏发电与小麦、玉米、棉花、番茄等农作物种植相结合，以提高土地利用率并实现清洁能源高比例发展。

推进能源与畜牧业协同发展，打造全疆最具规模的光牧互补项目。在乌苏养殖牧场应用太阳能光伏发电，发展"棚下养殖、棚上发电"的新型生态牧业，以实现畜牧业高质量发展。同时，利用现代生物技术、信息技术、新材料和先进装备等实现生态养殖、循环农业技术模式集成与创新，为畜牧业可持续发展提供有力的技术支撑。

持续完善能源基础设施建设。大规模投资建设光伏发电、抽水蓄能、常规水电和油气发电等项目，完善电力基础设施建设，与周边地区能源基础设施互联互通，重点推进塔城—乌苏 750kV 输变电工程项目建设，保障塔城地区清洁能源外送需要。

第20章

吐鲁番市人居环境
绿色发展建议

20.1 人居环境概况与特征

吐鲁番市是新疆维吾尔自治区所辖地级市，位于自治区中部，是天山东部的一个东西横置的形如橄榄的山间盆地（图20-1），总面积为 69 713 km²。吐鲁番地理位置优越，地处亚欧大陆腹地，是古丝绸之路和亚欧大陆桥的重要交通枢纽。

吐鲁番位于新疆中东部，又称"火洲"，东临哈密，西、南与巴音郭楞蒙古自治州的和静县、和硕县、尉犁县、若羌县毗连，北隔天山与乌鲁木齐市及昌吉回族自治州的奇台县、吉木萨尔县、木垒县相接，地处亚欧大陆腹地。兰新铁路、南疆铁路在吐鲁番交会，与吐鲁番机场、G30线形成了"公路、铁路、航空"为一体的立体交通运输体系，具有"连接南北、东联西出、西来东去"的区位和便捷交通优势。

吐鲁番市是"一带一路"的重要支点城市、乌鲁木齐都市圈的次中心城市、国际旅游名城和国家历史文化名城，重点建设特色农产品加工与贸易基地、新能源示范区和新能源基地，属于阳光宜居城市。吐鲁番市基本公共服务实现均等化，"文化润疆"取得重大成效。

作为历史文化名城与丝绸重镇，吐鲁番以发展第三产业为主，是以区域资源开发为主的服务型城市。根据《2020年城乡建设统计年鉴》，2020年全市三次产业中，第二产业占经济总量的比重达43.80%，第三产业占经济总量的比重达40.10%。通过对比吐鲁番各行业的职能强度发现，吐鲁番旅游文物资源丰富，城市职能以旅游业、服务业为主。根据2022年吐鲁番市统计数据，全市已开发景点27个，其中5A级旅游景区1处、4A级景区5处、3A级景区5处。现有不可以移动文物遗址1491处、世界文化遗产3处、国家级文物保护单位13处、自治区级文物保护单位56处（吐鲁番市统计局，2022）。

吐鲁番市为Ⅱ型小城市，人口密度高，2021年城镇化率（48.67%）低于全国平均水平（64.72%），人均GDP（62 115元）低于全国平均水平（80 962元）[①]。

———————————

① 资料来源：《吐鲁番市2021年国民经济和社会发展统计公报》《中华人民共和国2021年国民经济和社会发展统计公报》。

图 20-1 吐鲁番区位图

20.1.1 水资源特征 ①

1. 水资源存量

　　吐鲁番的水资源赋存量在西北地区处于下游水平，水资源总量为 6.1 亿 m^3，占全疆总水资源量（870.1 亿 m^3）的比重不到 1%，是新疆维吾尔自治区首府乌鲁木齐（11.8 亿 m^3）的 1/2。吐鲁番地表水资源量为 4.6 亿 m^3，地下水资源量为 5.5 亿 m^3。

　　2019 年吐鲁番人口数为 62.7 万人，人均水资源占有量为 979.9 m^3，其人均水资源占有量为新疆维吾尔自治区人均水资源占有量（3360.76 m^3）的 29%，全国人均水资源占有量（2098.1 m^3）的 47%，低于全国平均水平。

---

① 本小节水资源相关数据均来自《2019 年新疆水资源公报》。

由于吐鲁番盆地干旱少雨，所以大多数河流均为季节河，流程短、水量小，常年有水的只有阿拉沟（长 100 km）和白杨河。这两条河从盆地西侧的喀拉乌成山发源。乌斯特沟，注入阿拉沟；克尔碱河，注入白杨河。其他河流均从北侧的博格达山发源，有大河沿河、塔尔朗河、煤窑沟、喀尔于孜郭勒河、克朗沟、黑沟、大汗沟、二塘沟、柯柯亚河、坎儿其沟。在火焰山内侧有一些泉水出露，也形成了一些短小河流，如葡萄沟、桃儿沟、木头沟、大草湖沟等。

2. 降水量

吐鲁番市属于典型的大陆性暖温带荒漠气候，日照充足，热量丰富但又极端干燥，降水量稀少且大风频繁，有"火洲""风库"之称。全年日照时数为 3000～3200 h，比中国东部同纬度地区多 1000 h 左右；干旱少雨，年蒸发量高达 3000 mm。吐鲁番市年均降水量为 16.4 mm，是西部丝绸之路沿线 14 个代表性城镇中年降水量最少的城镇，远低于全国平均水平（691.6 mm）。

3. 水资源消耗量

2019 年吐鲁番用水总量为 12.7 亿 m³，其中农林畜牧业用水量高达 10.7 亿 m³，占用水总量的 84%，工业用水量为 0.6 亿 m³，居民生活用水量为 0.3 亿 m³，生态环境用水量为 1.1 亿 m³。吐鲁番人均用水量为 2025.5 m³，是全国人均用水量（411.9 m³）的近 5 倍。吐鲁番市主要有农林畜牧业、工业和其他产业等，其中农林畜牧业为主要用水产业。

4. 污水处理现状

根据《2020 年城市建设统计年鉴》，2020 年吐鲁番污水排放量为 800 万 t，污水处理总量共 352 万 t，污水处理率仅为 44%，是西部丝绸之路沿线 14 个代表性城镇中污水处理率最低的城市。吐鲁番污水处理率较低的原因主要是缺乏污水处理措施。吐鲁番市污水处理厂于 2011 年建设，该厂采用较为先进的污水处理工艺，设计规模为 2 万 m³/d，先期处理规模达到 2 万 m³/d，与其他西部城市建设的污水处理厂相比，处理能力稍逊一筹。

20.1.2 能源条件特征

吐鲁番有着丰富的矿产资源和可再生能源，被称为"中国煤仓"。从储量来看，吐鲁番市的化石能源资源较为丰富。其中，2021 年天然气和石油的储量同时排新疆第三位，分别为 3650 亿 m³ 和 15.75 亿 t；煤炭储量为 481 亿 t。同时，吐鲁番也拥有富裕的太阳能和风能。具体来看，2021 年太阳能的年总辐射量达 1650 kW·h/m²，风能资源的储量则相对丰富，达到 300 W/m²（表 20-1）。

表 20-1　2021 年吐鲁番市能源储量情况

地区	煤炭 / 亿 t	石油 / 亿 t	天然气 / 亿 m³	太阳能 / (kW·h/m²)	风能 / (W/m²)
吐鲁番	481	15.75	3650	1650	300

资料来源:《2021 年中国风能太阳能资源年景公报》、吐鲁番市人民政府（2022）

注：太阳能是指太阳年总辐射量，风能用 70 m 高度风密度衡量

吐鲁番市的传统能源供给量较大，作为新疆地区重要的能源基地，其能源生产量位居全省前列。具体来看，2021 年吐鲁番市的原煤和原油产量较高，分别为 1944.91 万 t 和 135.25 万 t，同时位居全省第四；天然气生产量为 2.90 亿 m³；太阳能发电量为 16.40 亿 kW·h，排全疆第三；风能发电量位居全省第五（表 20-2）。

表 20-2　2021 年吐鲁番市能源生产量情况

地区	原煤产量 / 万 t	原油产量 / 万 t	天然气产量 / 亿 m³	太阳能发电量 / (亿 kW·h)	风能发电量 / (亿 kW·h)
吐鲁番	1944.91	135.25	2.90	16.4	35.74

从装机规模来看，到 2021 年初，吐鲁番市火力发电装机规模高于新疆平均装机容量。吐鲁番市光伏装机规模位居全省第二，装机规模达 111 万 kW，风力发电装机规模位居全省第三，达 193 万 kW（表 20-3）。

表 20-3　吐鲁番市能源发电装机规模　　　　　（单位：万 kW）

地区	火力发电装机规模	光伏发电装机规模	风力发电装机规模
吐鲁番	475.03	111	193

资料来源：吐鲁番融媒中心（2021a）

由于吐鲁番市为非首府城市，城市规模相对较小，加之吐鲁番市大力发展第二产业，工业投资不断增加，因此该市工业能源消费量稍高于新疆平均水平，为 771.62 tce，而其他三种消费类型均低于新疆的平均水平（表 20-4）。

表 20-4　吐鲁番市分行业能源消费情况　　　　　　　　（单位：万 tce）

地区	规模以上工业企业能源消费量	建筑业能源消费量	城镇居民生活能源消费量	交通运输、仓储邮电能源消费量
吐鲁番	771.62	2.46	44.4	24.8

资料来源：《新疆统计年鉴 2021》

注：建筑业能源消费量由吐鲁番市建筑总产值、全自治区建筑总产值和全自治区建筑业能源消费量计算得出；城镇居民生活能源消费量由吐鲁番市常住人口数量、全自治区常住人口数量和全自治区城镇居民生活能源消费量计算得出；交通运输、仓储邮电能源消费量由吐鲁番市交通运输和仓储的产值、全自治区总产值和全自治区交通运输、仓储邮电能源消费量计算得出

20.1.3　建筑用能特征

吐鲁番位于我国新疆东部，属于典型的大陆性干旱气候，具有太阳辐射强烈、夏季极端干旱炎热、冬季寒冷、降水量稀少、昼夜温差大、风沙天多的气候特征。

吐鲁番市 4～9 月日平均辐射量超 5 kW·h/m²，是我国太阳能资源最丰富的地区之一。全年相对湿度基本上在 15% 与 35% 之间徘徊，冬季个别月份相对湿度较高，整体呈现干冷干热的气候特征。全年温差大，最大温差超 50℃；夏季炎热，5～8 月平均气温均逾 20℃，7 月平均温度在 30℃以上；冬季寒冷，1 月平均温度近-10 ℃（图 20-2）。空调度日数（CDD26）为 553℃·d，采暖度日数（HDD18）为 2758℃·d。吐鲁番地区大风频繁，平均风速为 1.7 m/s，最高风速可达 14 m/s。其中大风以北风、东风为主，以及部分西北风和东南风，无明显的主导风向（图 20-3）。

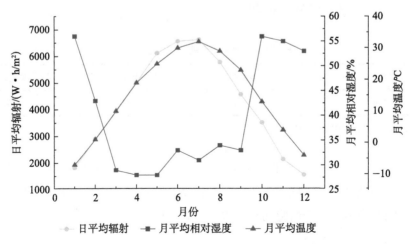

图 20-2　正常年份吐鲁番日平均辐射、月平均相对湿度及月平均温度

资料来源：国际能源天气计算数据库（https://www.ashrae.org/technical-resources/bookstore/weather-data-center）

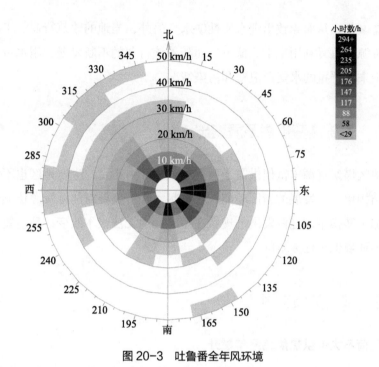

图 20-3 吐鲁番全年风环境

资料来源：国际能源天气计算数据库（https://www.ashrae.org/technical-resources/bookstore/weather-data-center）

20.2 绿色发展面临的问题

20.2.1 水资源严重不足

1. 有效用水途径难以实现

吐鲁番盆地的坎儿井与万里长城、京杭大运河齐名。坎儿井是一种开发利用地下水资源的古老方式，符合吐鲁番盆地的自然条件，满足生产需求，技术经济合理。这一方式曾经在开发水资源中占据着重要的地位，但是近几年以来，已经逐渐被机电井所取代。吐鲁番盆地的机电井当前已经有数万眼，而随着机电井数量的不断增加，吐鲁番盆地的地下水位在迅速下降。

2. 用水方式粗放，效率低下

随着当前耕地面积的不断增加，农业用水量也在随之增加，同时因为灌溉设施薄弱，导致农业用水的效率十分低下，并且当前主要还是采取大水漫灌的浇灌方式，会突然出现次生盐碱化，从而导致出现水质性缺水。另外，当地的建筑行业、工业等用水量大的行业水资源的重复利用率十分低下，而随着该行业的不断发展，用水量也在逐渐增加，给当地带来了严重的水资源浪费和污染情况。

20.2.2　传统能源供需矛盾突出

吐鲁番地区煤炭资源丰富但供需矛盾突出，生产力不足，生产地区也不均衡。全市能源和产业结构单一，发展的新旧动能转换不足，经济发展对能源资源依赖性较强，依靠能源资源加工转换带动经济发展的现状在短时间内无法根本改变，环境能耗约束进一步趋紧，生态环境保护任务艰巨。

20.2.3　建筑热负荷过大

1. 采暖负荷不大但供热能耗逐年攀升

供热总量小，逐步攀升。吐鲁番市2016～2020年总供热量在100万～300万GJ，整体供热量呈增长态势。2016年，吐鲁番供热总量为114万GJ，到2020年，供热总量攀升至270万GJ，增长了136.8%；而全国城市平均供热总量从2016年的1152万GJ增长到2020年的1258万GJ，增长了9.2%。因此，从增长速度上看，吐鲁番供热总量增长较快，而从供热总量绝对值来看，吐鲁番市的供热总量小，远低于供暖区城市平均供暖量（图20-4）。

供热强度大。据《2020年城乡建设统计年鉴》，吐鲁番市2016～2020年供热强度在0.44～0.58 GJ/m²，供热强度最高为2019年的0.58 GJ/m²，供热强度最低为2018年的0.44 GJ/m²，并没有明显统一的变化趋势，但强度上明显高于全国平均水平；而全国供热强度区间为0.41～0.49 GJ/m²，且供热强度在逐年下降，五年下降率为16.3%。吐鲁番市供热强度除2016年稍低于全国平均水平外，2017～2020年均高于全国平均水平（图20-5）。

2. 制冷负荷大且制冷用能量逐年递增

我国城镇夏季普遍采用分散式空调制冷方式，因而空调度日数可直观体现城镇在夏季的制冷能耗需求。根据《民用建筑热工设计规范》（GB 50176—2016），西部丝绸之路沿线北段的哈密、吐鲁番、和田、库尔勒，以及南段关中平原的西安市、宝鸡市、咸阳市等城镇夏季炎热，最热月平均温度高于25℃，空调度日数均大于100℃·d，超过

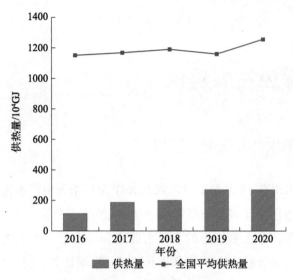

图 20-4 吐鲁番供热总量

资料来源：2016～2020 年《城乡建设统计年鉴》

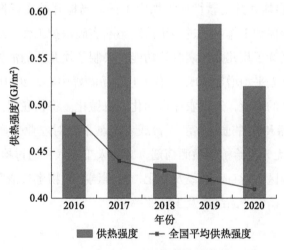

图 20-5 吐鲁番供热强度

资料来源：2016～2020 年《城乡建设统计年鉴》

北京（94℃·d）；其中西安市、哈密市七角井镇的空调度日数接近上海（199℃·d），吐鲁番的空调度日数达 579℃·d，远超广州（313℃·d）（图 20-6）。可见吐鲁番在夏季的空调制冷需求较大。

20.3 绿色发展建议

20.3.1 传承坎儿井调配水工程

吐鲁番坎儿井出现在 18 世纪末叶。坎儿井作为利用天山雪水进行农田灌溉的构筑物，在吐鲁番已经沿用两千多年，其总数达 1100 多条，全长约 5000 km，是吐鲁番各族人民进行农牧业生产和人畜饮水的主要水源之一。山上雪水融化流出山口后流经盆地砂砾质的土壤，大部分潜入地下形成地下潜流。积聚日久，使戈壁下面含水层加厚，水储量增大。坎儿井由竖井、地下渠道、地面渠道和"涝坝"（小型蓄水池）四部分组成，是荒漠地区一类特殊灌溉系统，主要用于截取地下水进行农田灌溉和居民用水。在 2009 年，吐鲁番开启坎儿井抢救性保护加固工程，当地开始实行掏捞清淤、卵形涵衬砌加固、安装井盖等保护工作。经过多年持续不断实施保护工程，最大限度地保存了坎儿井的基本形态，延续了坎儿井的灌溉等功能，遏制了坎儿井的消失。据统计，加固后的坎儿井出水量比过去平均增加 30% 左右（吐鲁番融媒中心，2021b）。

发展吐鲁番地区的农业，实现农业自动化、机械化。将物联网技术运用到传统农业种植上，运用传感器和软件通过移动平台或者电脑平台对农业生产进行控制，使农业具有"智慧"。利用无人机给植物喷洒药剂，减少人工投入；通过检测土壤水分、温度、湿度等参数对种植园区进行自动灌溉及施肥，精准调控植物生长情况，大力推广机械化装备的使用，提高采摘农产品品质及工作效率。

20.3.2 大力发展可再生能源

近两年，吐鲁番电网积极参与"疆电外送"，送电规模达到 34.77 亿 kW·h，其中参与新能源"疆电外送"规模突破 20 亿 kW·h 大关，达到 21.08 亿 kW·h[①]。与此同时，吐鲁番市致力于全市能源结构的转型。2021 年初，市新能源总装机 304 万 kW，其中风电总装机 193 万 kW，光伏总装机 111 万 kW，新能源占电源总装机的 64%，有效加速了能源转型。为进一步优化电网网架，吐鲁番市建成 750 kV 鄯善变电站，提升"百里

---

① 国网吐鲁番供电公司：新能源参与"疆电外送"电量突破 20 亿千瓦时大关. http://xj.people.com.cn/n2/2020/0624/c394722-34111986.html[2023-05-19].

风区"的新能源送出能力。预计该变电站新能源年发电量将达到 57.67 亿 kW·h，同比提高 11%。同时，全年可替代标准燃煤 334 万 t，减少二氧化碳排放 878 万 t[①]。

基于对吐鲁番市当前能源生产消费特征及关键问题、既有经验的分析，结合当地"十四五"发展规划，总结吐鲁番市能源发展更新路径。

1. 大力发展现代煤炭煤电煤化工产业

积极推进大型现代化煤矿建设和石化产业向精细化工发展，着力推进智能化煤矿建设，实施煤矿企业兼并重组和煤炭资源整合，构建开发有序、集约高效、安全绿色的现代煤炭工业体系。

同时积极推进煤电基地建设，推进"疆电外送"第四通道、疆内"北电南送"配套煤电基地的研究，打造吐鲁番煤电基地。大力推进新疆洁净能源多联产项目，积极打造现代绿色煤化工产业基地。培育和集聚一批具有国内先进水平的煤化工企业，成为新疆具有国内先进水平的现代煤化工生产基地。

2. 加强新能源产业发展

结合"疆电外送""北电南送"战略的实施，继续加强新能源基地建设。加快技术进步和提高新能源产业创新能力，实施一批风、光、热、储综合能源示范工程。积极推进新能源装备制造业建设，提升新能源装备制造水平。积极推进可再生能源制氢储能示范项目和综合智慧能源示范项目。加强地热资源勘探开发，积极推动梯级利用。

并在此基础上推动能源结构转型，持续补强清洁能源重要送出断面，及时做好新能源汇集站送出线路工程建设和接网服务，推动新能源资源优势的就地转化。构建更稳定的电网，进一步完善主网架结构，结合乡村振兴战略及"煤改电"工程建设，实施乡村电气化水平提升工程，精准补强农网薄弱环节，全力保障农村电网可靠供电，有效提升乡村供电服务品质。

20.3.3　构建冬夏兼顾的建筑节能技术体系

结合吐鲁番冬季寒冷夏季炎热、太阳辐射强烈的气候特点，推行经济高效的地域性保温材料及保温构造，构建冬夏兼顾的建筑节能技术体系。

吐鲁番夏季气候炎热、高温、太阳辐射较强，因此在进行建筑设计过程中需要对建筑进行遮阳设计，有效地阻挡太阳辐射，使建筑有一个舒适的室内热环境，并大幅度降

---

① 吐鲁番市新能源发电量超 300 亿千瓦时. http://www.tlfw.net/Info.aspx?ModelId=1&Id=348557[2023-05-19].

低室内空调负荷。

　　吐鲁番地区由于蒸发量极高，因此在建筑选址上可考虑靠近河流和植被。在当地的传统建筑中、常见庭院内种植花草以及葡萄架，通过植物的蒸腾作用为空气加湿降温。可考虑在夏季利用蒸发冷却降温，降低夏季传统空调系统的能耗，从而达到建筑节能的目标。

　　吐鲁番属太阳能资源较丰富地区，因此采用光电、光热技术能有效减少建筑能耗。除冬季直接利用阳光直射为建筑提供温暖环境外，可采取太阳能光伏发电以提供部分能源。太阳能集热系统可为该地区提供充足的生活热水，从而降低建筑能耗。

　　吐鲁番不仅地下水资源较为丰富，而且地下 150 m 范围内的岩土分布以砂卵砾石为主；可利用的环境水体温度为，冬季 15～18 ℃，夏季 18～20 ℃；特别适合采用地下水源热泵技术实现区域供热制冷。吐鲁番气候条件特殊，冬季寒冷，需要供暖；夏季酷热，又需要供冷。因此，该地区采用地源热泵技术，可有效降低建筑供暖制冷能耗。

主要参考文献

崔佳奇，刘宏涛，陈媛媛. 2021. 中国城市建成区绿化覆盖率变化特征及影响因素分析. 生态环境学报，
　　30（2）：331-339.

凤县人民政府. 2021. 凤县概况. http://www.sxfx.gov.cn/art/2021/6/28/art_3295_21.html[2023-08-30].

甘肃省统计局，国家统计局甘肃调查总队. 2021. 甘肃发展年鉴 2021. 北京：中国统计出版社.

高元，王树声，张琳捷. 2019. 城市文化空间及其规划研究进展与展望. 城市规划学刊，（6）：43-49.

关雪，周海珠，李晓萍，等. 2022. 碳中和目标下我国北方集中供热发展技术路径研究. 绿色建筑，（2）：
　　14.

关拥军. 2013. 关于乌鲁木齐市煤炭资源开发与环境保护的几点思考. 知识经济，（18）：50.

国家统计局. 2020. 中国统计年鉴 2020. 北京：中国统计出版社.

国家统计局. 2021. 中国能源统计年鉴 2020. 北京：中国统计出版社.

国家统计局城市社会经济调查司. 2021. 中国城市统计年鉴 2020. 张丽萍，李嵩译. 北京：中国统计出
　　版社.

国家统计局能源统计司. 2022. 中国能源统计年鉴 2021. 北京：中国统计出版社.

国家统计局，国家统计局人口和就业统计司. 2020. 中国人口和就业统计年鉴 2020. 北京：中国统计出
　　版社.

国家统计局，生态环境部. 2021. 中国环境统计年鉴 2019. 北京：中国统计出版社.

国家质量监督检验检疫局，中国国家标准化管理委员会. 2012. 节水型社会评价指标体系和评价方法：
　　GB/T 28284—2012. 北京：中国标准出版社.

哈力木拉提·阿布来提，阿里木江·卡斯木，祖拜旦·阿克木. 2021. 基于形态学空间格局分析法和
　　MCR 模型的乌鲁木齐市生态网络构建. 中国水土保持科学，19（5）：106-114.

韩旭，唐永琼，陈烈. 2008. 我国城市绿地建设水平的区域差异研究. 规划师，24（7）：6-101.

胡姗，张洋，燕达，等. 2020. 中国建筑领域能耗与碳排放的界定与核算. 建筑科学，（S02）：10.

酒泉市人民政府. 2023. 酒泉概况. http://www.jiuquan.gov.cn/jiuquan/c103370/202111/256f25d20bb141ca8e
　　747b298d3b3613.shtml[2023-08-30].

兰州市人民政府. 2022. 兰州热力集团有限公司供热服务信息. http://cl.lanzhou.gov.cn/art/2022/9/7/
　　art_23044_1160073.html [2023-08-18].

李锁强. 2021. 2020 中国县域统计年鉴（县市卷）. 北京：中国统计出版社.

李悦，郭竹梅. 2017. 回归与延展——对现行城市园林绿化指标的思考及建议. 中国园林，33（3）：

82-86.

刘军会, 邹长新, 高吉喜, 等. 2015. 中国生态环境脆弱区范围界定. 生物多样性, 23 (6): 725-732.

刘世锦, 蔡颖, 王子豪. 2023. 人口密度视角下的中国经济潜在增长. 经济纵横, (1): 41-60.

刘文峰. 2022. 双碳目标下新疆新能源发展的对策建议. http://xjdrc.xinjiang.gov.cn/xjfgw/hgjj/202208/25e2 ba4b54a940dfbaf2eb47cb70b51e.shtml[2023-08-30].

刘艳峰, 王登甲. 2015. 太阳能利用与建筑节能. 北京: 机械工业出版社.

陇南市人民政府. 2023. 陇南市概况. https://www.longnan.gov.cn/mlln/lnjj/index.html[2023-08-30].

宁夏回族自治区统计局, 国家统计局宁夏调查总队. 2021. 宁夏统计年鉴 2021. 北京: 中国统计出版社.

宁夏商务厅. 2021. 上海·宁夏清洁能源产业专题推介会成功举办. https://dofcom.nx.gov.cn/xwzx_274/ swdt/202106/t20210607_2875948.html[2023-08-30].

青海省统计局, 国家统计局青海调查总队. 2020. 青海统计年鉴 2020. 北京: 中国统计出版社.

青海省统计局, 国家统计局青海调查总队. 2021. 青海统计年鉴 2021. 北京: 中国统计出版社.

陕西省能源局. 2019. 能源概况. http://sxsnyj.shaanxi.gov.cn/INSTITUTIONAL/nygk/eMjQru.htm[2023-08-30].

陕西省人民政府. 2020. 省人民政府新闻办举办新闻发布会介绍"奋力谱写陕西新时代 追赶超越新 篇章 凝心聚力高质量发展"系列发布会(第五场). http://www.shaanxi.gov.cn/szf/xwfbh/202011/ t20201126_2112718.html[2023-08-18].

陕西省统计局, 国家统计局陕西调查总队. 2020. 陕西统计年鉴 2020. 北京: 中国统计出版社.

陕西省统计局, 国家统计局陕西调查总队. 2021. 陕西统计年鉴 2021. 北京: 中国统计出版社.

生态环境部. 2020. 视频 | 生态环境部 2019 年全国生态环境质量状况 空气质量平均优良天数占比 82.0%. https://www.mee.gov.cn/ywdt/spxw/202005/t20200507_778072.shtml[2023-08-19].

苏航. 2021. 既有建筑节能改造的节能综合效益评价研究——以乌鲁木齐某建筑为例, 新疆大学硕士学 位论文.

天水市人民政府. 2023. 天水市情. https://www.tianshui.gov.cn/mlts/jbgk.htm[2023-08-30].

田旺. 2021. 城市园林绿化与城市可持续发展路径研究. 新型工业化, 11 (3): 16-17.

吐鲁番融媒中心. 2021a. 吐鲁番市新能源发电量超 300 亿千瓦时. http://www.tlfw.net/Info.aspx?ModelId= 1&Id=348557[2023-08-30].

吐鲁番融媒中心. 2021b. 非遗在新疆 | 中国"地下运河"哺育绿洲. https://www.tlf.gov.cn/tlfs/c106449/2 02104/13110d6b0666405bb17901633f77be81.shtml[2023-08-30].

吐鲁番市统计局. 2022. 吐鲁番市基本情况简介(2022). https://www.tlf.gov.cn/tlfs/c106436/202212/2785 b9e0e8e94c3fbb611b08247f95ba.shtml[2023-08-30].

王树声. 2018. 文地系统规划研究. 城市规划, 42 (12): 76-82.

王树声, 石楠, 张松, 等. 2022. 城乡规划建设与文化传承. 城市规划, 44 (1): 105-111.

王晓玲. 2013. 我国省区基本公共服务水平及其区域差异分析. 中南财经政法大学学报, (3): 23-29, 158.

王媛媛. 2019. 今冬乌鲁木齐采暖面积预计达到 2. 06 亿平方米. http://www.urumqi.gov.cn/sy/jrsf/430921. htm?ivk_sa=1023197a[2023-08-18].

乌鲁木齐市人民政府. 2023. 乌鲁木齐市概况. http://www.urumqi.gov.cn/wlmjgk/447021.htm[2023-08-30].

乌苏市统计局. 2020. 乌苏市 2019 年人口信息. http://www.xjws.gov.cn/zjws/rkmz/content_62061[2023-08-30].

西安市人民政府. 2023. 行政区划. http://www.xa.gov.cn/sq/csgk/hzqh/64706a32f8fd1c1a702f1317.html[2023-08-30].

西安市统计局, 国家统计局西安调查队. 2021. 西安统计年鉴 2021. 北京：中国统计出版社.

西宁市统计局. 2023. 2022 年末西宁市常住人口城镇化率达到 79. 87%. https://www.xining.gov.cn/sjgk/zxgk/202302/t20230217_181945.html[2023-08-30].

西宁晚报. 2021. 我市制定市区热电联产集中供热价格_西宁市人民政府. https://www.xining.gov.cn/xwdt/xnyw/202110/t20211025_156128.html[2023-08-18].

咸阳市统计局. 2021. 咸阳统计年鉴 2021. 咸阳：咸阳市统计局.

向玉琼, 马季. 2015. 论城乡之间的"中心-边缘"结构及其消解. 探索,（4）：117-124.

肖凤玲, 杜宏茹, 张小雷. 2021. "15 分钟生活圈"视角下住宅小区与公共服务设施空间配置评价——以乌鲁木齐市为例. 干旱区地理, 44（2）：574-583.

谢婷婷, 冯长春, 杨永春. 2014. 河谷型城市教育设施空间分布公平性研究——以兰州市中学为例. 城市发展研究, 21（8）：29-32.

新疆维吾尔自治区统计局, 国家统计局新疆调查队. 2021. 新疆统计年鉴 2021. 北京：中国统计出版社.

杨欢. 2022. 中国优质医疗资源配置水平的区域差异及动态演进研究. 西北人口, 43（4）：92-103.

杨睫妮. 2022. 2020 年全国各省市城市绿地面积排行榜. https://www.huaon.com/channel/rank/800698.html[2023-08-07].

叶骏骅. 2013. 我国城市绿化建设水平的区域差异及影响因素研究. 生产力研究,（6）：94-96.

银川市网络信息化局. 2021. 银川市数字经济开启赶超模式 数字城市指数挺进全国 50 强. https://www.yinchuan.gov.cn/xxgk/yhyshjzc/dtxx/202102/t20210226_2610113.html[2023-08-30].

银川晚报. 2019. 昨日银川市集中供热面积已达 99. 5%. https://yinchuan.gov.cn/xwzx/mrdt/201910/t20191025_1813567.html[2023-08-18].

袁振杰, 郭隽万果, 杨韵莹, 等. 2020. 中国优质基础教育资源空间格局形成机制及综合效应. 地理学报, 75（2）：318-331.

张佰秋. 2022. 防风固沙型重点生态功能区县域生态环境质量评价及研究——以通榆县为例. 环境科学与管理, 47（3）：173-177.

张万宏. 2021. 每年可节约标准煤约 2. 83 万吨！甘肃省兰州市首个分散式风电项目开工. https://wind.in-en.com/html/wind-2403310.shtml[2023-08-30].

张永黎. 2020. 西宁严守水资源三条红线. https://shj.xining.gov.cn/xwdt/hjxw/202009/t20200904_106345.

html[2023-08-30].

张永黎. 2022. 引黄济宁环境影响报告获批复. https://shj.xining.gov.cn/xwdt/hjxw/202210/t20221008_119896.html[2023-08-07].

赵晓红，晏雄. 2016. 西部少数民族文化资源富集地区文化产业集群异质性及发展路径. 云南民族大学学报（哲学社会科学版），33（3）：157-160.

智研咨询. 2021. 2020年中国城市园林绿化行业发展现状及重点企业分析：建成区绿化覆盖面积达263.75万公顷. https://caifuhao.eastmoney.com/news/20211117092611766419660[2023-08-18].

中国电力企业联合会. 2021. 中国电力统计年鉴2021. 北京：中国统计出版社.

中国新闻网. 2022. 住建部：2021年我国常住人口城镇化率达到64.72%. https://new.qq.com/rain/a/20220914A05S6H00[2022-09-14].

左其亭，李佳伟，马军霞，等. 2021. 新疆水资源时空变化特征及适应性利用战略研究. 水资源保护，37（2）：21-27.

左秀堂，王兴琪，陈龙，等. 2022. 城乡融合视角下全域高品质公共服务设施布局优化——以嘉峪关市为例. 甘肃农业，538（4）：92-95.

Chen J D, Gao M, Cheng S L, et al. 2020. County-level CO_2 emissions and sequestration in China during 1997-2017. Scientific Data, 7（1）: 391.

Damkjaer S, Taylor R. 2017. The measurement of water scarcity: Defining a meaningful indicator. Ambio, 46: 513-531.

Falkenmark M, Lundqvist J, Widstrand C. 1989. Macro-scale water scarcity requires micro-scale approaches. Natural Resources Forum, 13: 258-267.

RaskinP, GleickP, KirshenP, et al. 1997.Comprehensive Assessment of the Freshwater Resources of the World. Stockholm（Sweden）: Stockolm Environment Institute.

Yang J, Huang X. 2023. The 30 m annual land cover datasets and its dynamics in China from 1985 to 2022. Earth System Science Data, 13（1）: 3907-3925.